U0153716

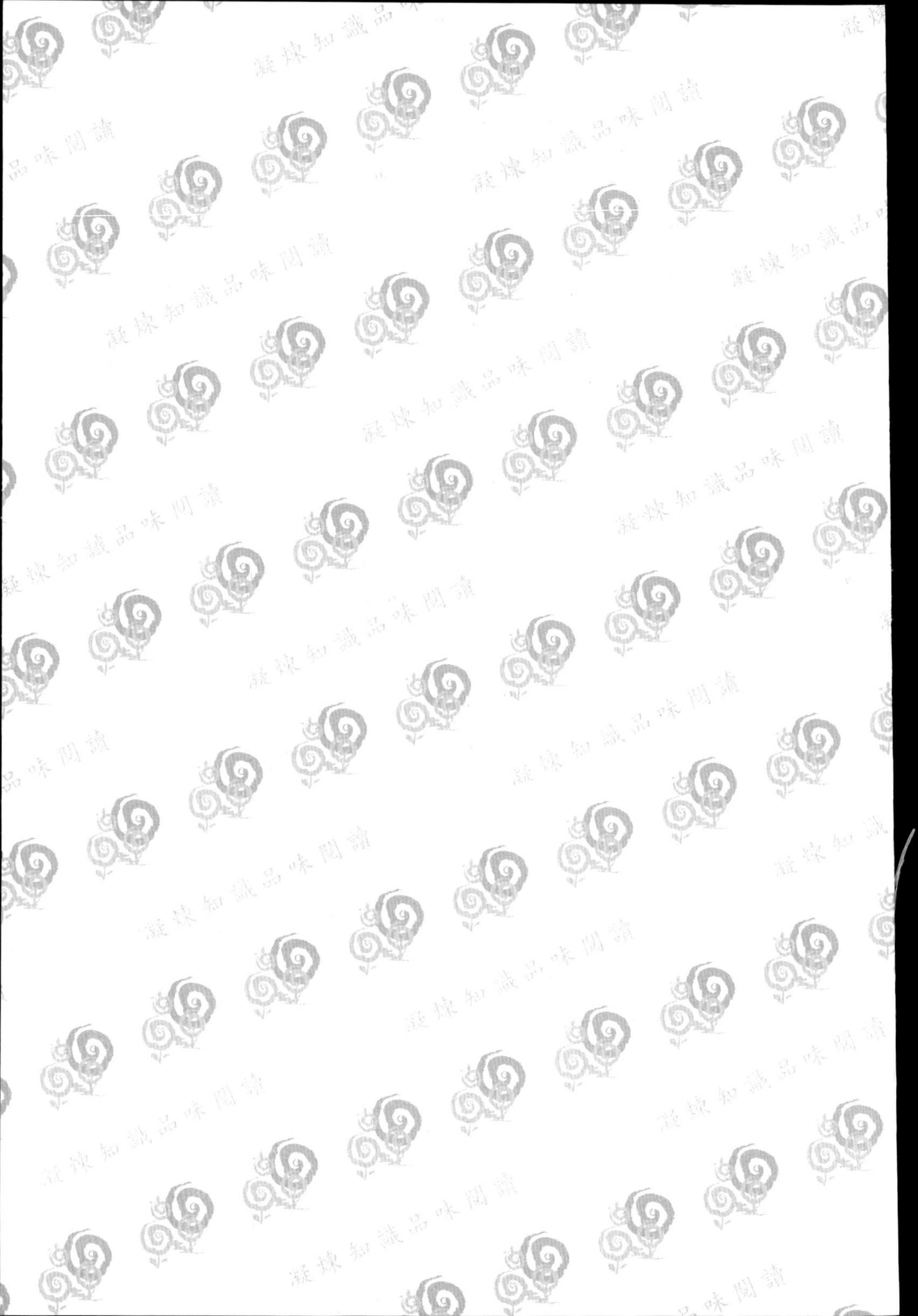

看見・台灣里山

劉淑惠◎著
協同作者　陳仁德、陳雅妏

五南圖書出版公司 印行

推薦序 I

劉淑惠教授任教於高雄師範大學地理學系，她的主要專長是都市生態景觀研究與環境生態學，先後取得國立台灣師範大學地理學系的學士，並取得日本筑波大學都市景觀規劃碩士學位及生態都市的農學博士學位。她於取得學位後，任職於日本（株）大成建設公司達五年之久，擔任研究員的工作，堪稱都市景觀規劃理論與實務兼備。回國任教後時常擔任國內各縣市政府都市發展局處各種專案計畫的審查工作，在學術界有很好的口碑。多年來任教環境生態學、環境教育、生態旅遊、都市景觀規劃以及社區參與等課程。也因為留學日本的關係，她可以說是國內少數的日本通，也長時間教授日文課程。

面對全球變遷、氣候異常及災害的風險愈來愈高的今天，如何重新思考人與自然和諧共處，似乎更顯重要，我們未來的國土規劃與都市治理，一定要揚棄開發掛帥的不當思維，這種哲學叫做「經濟化我們的生態島」。幾年前的莫拉克八八水災確實很淒慘。因此，我們一定要避免過度開發並扭轉人定勝天的迷思，回頭厲行「生態化我們的經濟島」的保育哲學觀，也就是尊重自然、保護生態、保育山林。「生態」其實很簡單，就是「生存的狀態」，不能只有人類的生存狀態好，而是要全體動植物的生態都好，連山林水土的生態體系也要好；只有大家的生存狀態都好，人類才會好。生態的另一層涵義就是「生活的態度」；面對這場世紀浩劫，對浩瀚的大自然令人驚悚的力量，能不謙卑以對嗎？而對隨時反撲的老天爺與自然規律，能不遵守嗎？顯然唯一的國土治理哲學正是「要與大自然共譜和諧美好的樂章」。

劉教授的《看見台灣里山》一書，完整的引介了日本很成功的里山願景，她在這本大作中循序漸進式的先提出概論，從日本的里山概念、里山倡議，再以日本案例做介紹，清楚探析日本里山的各種類型，並闡述日本里山的發展現況問題，進而提出相應的對策；第二章則概述台灣的自然與人文環境及台灣的里山分類情形；第三至第六章則依序由北而南，分論北部、中部、南部，以及東部等各河川流域，如何以其自身的發展特色，來建構台灣里山的願景。全書架構井然，論述深入，對長期以經濟發展掛帥為主導的發展思維，確實具有振聾發聵的警世價值。

我長期與劉老師共事，對她念茲在茲希望建構台灣成為一個「生物多樣性與大自然能夠完美共生的社會」願景，至感佩服。而她的名言「十年景觀、百年風景與千年風土」的哲學，更是她長期不變對環境保育哲學的「永遠的堅持」。很榮幸於甲午馬年，先睹劉教授的大作，我想大家一定跟我有同樣的期盼：曾經創造經濟奇蹟的台灣，經濟發展與都市化的成熟度愈來愈高，當大家的生活都已邁入優雅化的境界，當然更應該回頭省視我們珍貴的環境資源與生存之道，《看見台灣里山》為我們打開了永續台灣的一扇大門，願台灣萬歲！VIVA台灣。

吳連賞

國立高雄師範大學地理學系　教授兼副校長

推薦序II

《看見台灣里山》，這樣的一本書的讀者會是誰？作為一個以人與土地關係作為研究觀察對象的地理學工作者，我忖思《看見台灣里山》一書的讀者會有什麼樣的特質？誰有興趣認識日本在2010的UNESCO聯合國教科文組織提出的里山倡議、並引起一連串全球討論關於人與環境和諧、萬物共存共榮的生產景觀？誰需要以里山倡議的精神與作法，做為發展永續台灣環境之工作手冊與借鏡？

《看見台灣里山》一書，不但提供詳細的日本里山社區聚落經驗，引導讀者認識日本的里山、里海經驗如何創造豐富的生態環境與快樂生活的聚落，並在里山實踐中產生對環境源源不絕的責任感與榮譽感。劉淑惠教授進一步在書中以日本里山的分類經驗，將台灣的北、中、南、東區域的聚落環境釐清11種里山分類，並推薦全國63個里山聚落為里山發展的潛力點。這本書是所有台灣里山潛力點聚落的關懷者、居民與社區環境工作者值得參考的書籍，也是有心發展台灣永續環境的專業人士、居民、學生與研究者的重要參考書。

里山倡議，描述並期待一種傳統的生產景觀，不論是里山或里海的生產景觀均包含大自然環境與人在其中創造的文化景觀，透過永續的土地利用方式、尊重自然韻律。在地社區群眾就是大自然的守護者，因為如果社區好好守護自然，自然將會在關鍵時候以大愛反哺、厚利眾生。實踐里山概念，維護環境依據自然韻律運作變化，維繫環境生態與人類生活的穩定與多樣，不但不會戕害社會的生存、生計與生活，萬物生靈都有寧適的位置，人與自然共存共榮。

在地參與和環境關懷，是實踐里山精神成功的關鍵。沒有在地社區的參與、分享、扶持，社群力量無法熱情落實、更無法維繫，尤其是里山精神不但維護聚落的自然環境，更關懷在自然環境中演化出來的社會文化景觀與實踐，例如宗教、祭儀、社會關係、乃至於民俗傳統，都是在人與環境關係最純然、科技涉入最少之前的境界，所以當代社會實踐里山精神不但得以享受大自然之趣，更能維護所處環境的均衡穩定狀態。敬天畏地，愛人護生，就得以維繫「宇宙地球號」太空梭。台灣有許多遠離大都市的聚落，依山傍海美麗風景無限，若能集合社區眾人之力，以創新方式整合傳統生產與自然環境的優勢智慧，發揮尊重自然維護生態多樣性，不但能創造聚落生存利基，更能讓聚落生計朝向維護棄置的公共土地、發展生態旅遊，轉變成有效的公共財，不但是台灣之福、台灣社區之福，也是台灣環境之福。

期待熱情的讀者在讀過本書之後，能夠勇敢站起來、大聲說出：我的故鄉也適合發展里山（或里海）聚落，因為我關心它、期待它恢復人與自然共榮的生產景觀！

蘇淑娟

國立台灣師範大學地理學系教授

台灣地理學會理事長

致謝與版權聲明

能獲得兩位我尊敬的學術界前輩：國立高雄師範大學副校長吳連賞教授，及國立台灣師範大學地理學系蘇淑娟教授的首肯，百忙中抽空為序，是我莫高的榮幸。感恩。

本書的完成要感謝日本「市原里山俱樂部」風間俊雄理事長慷慨提供日本千葉縣「市原里山俱樂部」的所有活動資料。另外，也獲得「千葉環境資訊中心」代表小西由希子前議員與風間理事長的協助取得「千葉縣立中央博物館」中村俊彥副館長兼副技監所發表的日本里山分類的使用許可，謹此致上萬分謝意。

謝謝美濃愛鄉協進會邱靜慧總幹事與兩位協同作者：東港地政事務所陳仁德課長，及日本筑波大學陳雅妏博士，在地形圖的判讀及各地資料與照片的蒐集、拍攝等。

本書的出刊乃在拋磚引玉，企圖以一個引爆點吸引大家的注意與關心，是踏出的第一小步，因而往後若您手邊有相關貴重資料或寶貴意見願意提供，都請聯絡：劉淑惠formosa@nknu.edu.tw，謝謝。

緣　起

剛剛年過半百的四年級生，相信你我共同的鄉下風景印象，應該差異不大……

腦海浮現的原風景……
圳水有小朋友戲水
岸邊野花有蝴蝶、蜻蜓……飛舞
（圳、埂邊停靠農夫的「飛羚」、「野狼」、
「卡踏恰」）
林木田間有鳥叫蟲鳴
廟前榕樹下有老人群聚、小孩嬉鬧
（汗衫短褲的老阿伯們下著棋；老阿婆們則開三姑六婆大會；
小孫子們在旁嬉鬧）
田裡有農夫揮汗……也揮手
～～笑問客從何處來……
夜暮低垂　炊煙四起　團圓飯桌時

走過物資不豐卻歡樂的孩提年代，初中變國中的超幸運感覺，即使在學校挨揍回家也不敢吭聲的青澀年華，經歷百試艱難的大專聯考，留學、碩士、日本企業職場的歷練、博士、大專教師……始終不變的羈絆卻是心中長久以來的童年風景，

農忙時期在田中品嘗美味的鹹稀飯，釣青蛙、跳大圳，翻鳥巢尋鳥蛋，啃青蛙肉喝青蛙湯、香甜蘆葦汁……隨處都能找到食物，隨處都能尋到玩具，隨處都能玩上一整天，一切都是免費的。大自然的恩賜就是如此，只要人們不擷取太多大自然的物品，祂會回饋更多的資源給人們；一切都是平衡且公平的。

歷經經濟高度成長的工業大躍進後，農耕地面積逐漸萎縮；務農人口不但老年化，也隨著農夫凋零而銳減。隨之而來的是林地荒廢，土雞城、鐵皮屋進駐；不管是否有農地變更使用執照、也不管是否合法。總之，耕地變建地、道路及良田工廠化的現象比比皆是。加上農村人口，尤其是年輕子弟在1960年代大量離農，往加工出口區變成工業產業的勞工；守著農地的農夫為了增加農業生產量，加上政府的鼓勵不得不使用農藥及化學肥料，造成生物多樣性的危機，令人怵目驚心。

聞名全世界的美食台灣，近年竟然爆發多起驚悚的事件。當餐桌上的滿滿飯菜，竟然都或多或少摻著毒素：鎘米飯、順丁烯二酸[1]澱粉製品（如麵食等）、農藥殘留菜、基因改造黃豆、禽流感雞肉、瘦肉精[2]牛、豬、鴨／鵝肉及病死豬肉等；

1 林杰樑醫師臉書（2013.9.23）https://www.facebook.com/notes/林杰樑/毒澱粉含順丁烯二酸該怎麼辦/573483509341720

2 瘦肉精（2013.9.17）http://zh.wikipedia.org/wiki/瘦肉精。「瘦肉精」或「瘦體素」，是對數種主要用來增進家畜增長瘦肉的乙型交感神經受體致效劑（Beta-adrenergic agonist）動物用藥俗稱，簡稱「受體素」，台灣早期有「健健美」的俗稱。

甚至連「壬基酚飲品餐具[3]」都出列了；還有每餐都需要的油品——棉籽油（棉酚）事件、花生油沒有花生成分；超錳不鏽鋼餐具或便當盒。這些都非一朝一夕致之，至於存在多久、源頭為何？均尚待政府及學術單位的驗證、釐清。更期盼食品業者的良知與良心。

當台灣的1960年代人們見面時出現的招呼語句：「你吃飽了沒？」已經極少出現在2013年時期。當台灣已經脫離了貧困年代，步入已開發國家之列時。當驟雨讓我們驚見洪水兵臨家門時，當土石流的作用已經直接威脅到老百姓時，當我們驚訝於河川、海岸堤防、鋼筋水泥不足以防災，而重甸甸的俗稱「肉粽角」的消波塊竟成防洪、防災利器時，深山裡重型機具猖獗、轟隆轟隆的作業聲時，何需再讓我們訝異於土石流之猖狂及危害民生？我們已經將後代子孫享有大自然的權力，摧毀於這一代。目前我們能做的僅止於亡羊補牢，乞求大自然的反撲力道不要大過人類所能承受的。

作者認為最重要的，還是在落實全民正確的環境教育及終結不平衡的生態環境與開發之間的鴻溝，也為了台灣世代子孫的健康，永續存在的環境必須被重視與保護。「生物多樣化」的追求—日本的「里山倡議」也是在這種狀況下被世界各國[4]所

3 壬基酚飲品餐具免疫力殺手（2013.9.19）http://www.libertytimes.com.tw/2013/new/sep/15/today-life7.htm?Slots=Life

4 日本里山（2013.9.19）http://satoyama-initiative.org/en/category/case_studies-2/

接受。

本書期待藉他山之石，汲取在自然、人文方面均與台灣相似的日本，融合台灣各地以流域為主之特殊地形地勢，期能在還能挽回的環境下，揭開各地曾經存在的風景—真正的里山風貌（含里山、里海、里湖等），喚醒在地居民的原始風景潛意識，致力於次生林（二次林）的維護管理，俾使逐漸單一化之林相（竹林化、草原化）等再由人為力量回復原有的生物多樣化。

一方面期待透過資訊的公開、古來既有之里山環境「靠山吃山，靠海吃海」的重新確認；在教育功能上，能拋磚引玉吸引有心人的共鳴與認知；另一方面，則在全力促成「里山倡議」中的願景：生物多樣化環境、人與自然共生社會的達成。

目錄

Chapter 1

概論—從日本到台灣

台灣的鄉村視覺景觀：1990年代以後埤塘漸漸填平，取而代之的是硬鋪面的水泥。舊觀念以爲爲了讓水流快速通過，才不會藏污納垢，因此三面光工程占據了所有的溝渠與圳水；無法流通的溝渠圳水，加上人口愈來愈密集，家庭排水，甚至工廠排水設施不良，無良商人昧著良心，排放污染良田的重金屬、化學物質的壞示範，遠從台塑的汞污泥事件，近至最受國際矚目的電子大廠「日月光」事件[1]。水質逐年變差，水中環境荷爾蒙的問題等是否能解決，官方有一整套的法規限制與規範[2]，可惜人謀不臧或是執行單位的公權力不彰，最後眼不見爲淨，加蓋加框，甚或將水體整個包成四面光的超級臭水溝。上游的水土保持出了問題，中、下游的鄉間的農田灌溉渠道、大小水圳，不知何時居民已不再主動清除障礙物，甚至將清掃物直接丟棄於溝渠水圳中，演變成近年來水災爲患。

大溪小河、田埂邊小排水溝、大圳、小圳昔日1960至70年代之前的清澈水質，在1980年代經濟快速成長下已經變調；1990年代在牲畜的疫情上飽受折磨的台灣，終於在1997年歷經台灣史上第三次口啼疫[3]，豬隻慘遭撲殺與嚴禁牲畜的污水自由

1 http://w5.camec.com.tw/epa33/?p=210 (2014.1.26)

2 http://w5.camec.com.tw/epa33/?page_id=7 (2014.1.26)
行政院環境保護署（2014.1.26）
http://toxicdmsap.epa.gov.tw/News_/NewsDetail.aspx?showType=events&newsID=1106

3 http://www.newtaiwan.com.tw/bulletinview.jsp?bulletinid=12795（2013.5.12）「……台灣最早的口蹄疫紀錄，可追溯至日治時期，在

排放等具體措施的實施，在1990年代後期終於能再見到清澈的圳水（照片1-1）。

照片1-1　屏東縣大圳清澈的水（2003.1.30）

無人搭理的兩岸：左岸光禿禿、右岸生意盎然，可惜雜亂無章；大圳50年代曾經是大家的消暑戲水場所，歡樂的戲水聲仍環繞耳際。

一九一三年和一九二四年都有大流行的記載，當時在禁止牲畜移動與大量撲殺的政策下，口蹄疫病毒從此在台灣絕跡了近七十年。」

雖然少了牲畜排水之夢魘，可惜在1999年921大地震後，尤其是2004年敏督利颱風之後，清澈的溪水至今2013年幾乎不復見，取而代之的是混濁的泥水；推斷應該是長久以來未曾落實水土保持政策之故？或是執法人員沒有落實執行力？或是權力大過行政人員的民意代表的從中阻撓？無論是哪一項結果都清楚顯示上游的山坡地已是滿目瘡痍；照片1-2是2006年屏東縣水圳的污濁狀況。

照片1-2　**屏東縣大圳混濁的水**（2006.2.26）

兩岸依然左右枯盛分明，水質則肉眼即能分辨，歷經敏督利颱風兩年後仍無法變得清澈的濁水。

農田水利會的功能逐漸下降，農村人口老幼化的今天，水圳中垃圾、檳榔樹幹橫躺在水流河床中央，混著泥巴的水流如此呼嘯而過的情景變成常態。也許經過水質檢驗說不定懸浮微粒（SS）、大腸桿菌及各式農藥化學物品均可能破表？更有新興污染物的出現[4]，足見環境的破壞已經不容忽視（剪報1-1）。

環署調查17種新污染物無害人體（記者劉力仁）環保署委託台灣大學調查17種新興污染物（6種陣痛解熱劑、3種抗生素、1種荷爾蒙作用類似物、2種防曬劑、1種驅蟲劑和4種美容保健用品）在飲用水中的濃度，結果清水中檢驗出4羥苯甲酮、二乙基間苯胺、對羥基本甲酸甲酯、對羥基本甲酸丙酯等多種物質，但因濃度極低，評估對人體的健康效應可以忽略，請民眾安心。環保署毒物管理處長袁紹英表示，原水中另外檢驗出乙醯胺酚、異丁苯丙酸、二乙基間甲苯胺、羥苯甲酮、對羥基苯甲酸甲酯、對羥基苯甲酸乙酯、對羥基苯甲酸丙酯、對羥基苯甲酸丁酯等8種物質，其中2種低於定量極限，另6種含量介於未檢出至數十奈克／公升之間，濃度相當低。

剪報1-1　環署調查17種新污染物

資料來源：自由時報2013年4月24日

4　http://ivy5.epa.gov.tw/enews/fact_Newsdetail.asp?InputTime=1020423154102 (2013.4.23)

透過勤奮的努力，衣錦還鄉的意志，有朝一日終於成功的信念；人也許沒有回來，用錢改善家屋的外觀或是周遭環境卻是出外遊子對家人的回饋。半個三合院套著二、三樓的半洋房比比皆是；田埂中間更是豪華別墅點綴在鄉間（照片1-3、照片1-4），然而此景仍屬萬幸，不幸的是特定優良農地已大幅度被鐵皮屋工廠等所謂工業廠房佔據（照片1-5、照片1-6、照片1-7），排水污染著你我的糧食作物（鎘米？）[5]；再者，利用農地重劃的鯨吞蠶食式的合法開發手法，已逐漸將農地化爲建築用地。台灣的農地似乎瞬間能變建地（拜資訊發達之賜，全台灣親眼目睹大埔農地的遭遇，可惜2008年的執政者在政策上絲毫不見反省。）。更有甚者，這一切在近年的幾近「重工輕農」政策中，從1960年代的3個工業區[6]，迄今2013年已完成或未完成的官方或民間開發的工業區總共約160處[7]。1950年代的每戶耕地面積1.29公頃，1960年代每戶耕地面積降爲1.05公頃，其後實施一連串的土地政策在1990年代每戶耕地面積在1.08公頃[8]；全台灣的總耕地面積則在1998年的858,756公頃逐年遞減至2011年的808,294公頃[9]。以此類推，台灣米價攀升指日可待，然而，是福是禍？

5 財團法人公共電視（2014.2.22）：http://pnn.pts.org.tw/main/2013/09/08/【我們的島】彰化農地污染記/

6 http://taiwanpedia.culture.tw/web/content?ID=3929 (2013.5.12)

7 https://zh.wikipedia.org/wiki/台灣工業園區列表（2013.5.12）

8 http://www.wra.gov.tw/ct.asp?xItem=11765&ctNode=4635&comefrom=lp (2013.5.12)

9 http://ebas1.ebas.gov.tw/pxweb/Dialog/Saveshow.asp (2013.5.12)

照片1-3　屏東縣農地豪宅（2013.10.5）

照片1-4　屏東縣農地豪宅（2013.10.5）

特定農業區的農舍若有不同的詮釋，擺放農具的「草寮」也能變成如此「豪宅」。

照片1-5　屏東縣農地工廠（2013.10.5）

照片1-6　屏東縣農地工廠（2013.10.5）

照片1-7 屏東縣農地工廠（2013.10.5）

特定農業區的使用若有不同的詮釋，擺放農具的設施「草寮」也能成工業用地。

或是便宜的劣級米將進攻台灣餐桌？雖然從2012至2013年的薪水喊在22K[10]，讓很多年輕人退而求其次，進入第一級產業的農業者多，可惜尚難蔚爲風潮。繼聯合國農糧組織（FAO）於2010年發表之「2011年世界糧食不安全狀況」，指出因爲全球氣候變遷、溫暖化、能源價格不斷提高及農產品金融化等因素，

10 http://www.ettoday.net/news/20130313/174154.htm (2013.4.06)

造成全球糧食價格嚴重影響高度仰賴糧食進口的國家[11]。雖然國家科學委員會已經警覺糧食危機，可惜似乎無法讓政府重視此項議題。農地相繼因「台商」的需求而逐漸解編成工業用地的問題；加上無法有效鼓勵年輕人進入第一級產業，甚至寧可出國當「台勞」，問題若無法有效解決，將來立國基礎無法穩固，人心浮動。

「流域生態觀」重點在於上游的水土保持，也是「綠色水壩—森林[12]（Green Dam-Forest）」概念的重視，有計畫的「植栽與砍伐」的概念，它的效果也可稱爲「生態系服務」的效果（Costanza, Robert etc., 1997）。鑑於台灣國土的濫墾濫伐，毫無完整概念的國土規劃，行政上也毫無公信力的作爲，則2009年小林村的悲劇將不會是個完結篇（圖1-1）；清境農場的殺雞取卵式土地豪取強奪的開發，也不會因爲高層的政治作爲而改變。下游的水質污染，一部分肇因於不肖廠商的排放污水，然而何以致此？難道無法解決？（2013年年底的日月光事件清楚顯示我們的憂慮是有根據的）。另一部分就是以整治水患爲名行破壞水域環境之實，深山何需重型機具去破壞原有結構？照片1-8到1-10處處都是重型機具掃過的痕跡。筆者倡導里山概念之餘，

11 國家科學委員會（2014.2.5）http://www.nsc.gov.tw/scitechvista/zh-tw/Feature/C/0/1/10/1/457.htm

12 森林賦予生態系的經濟價值主要在：供應氧氣、防止土壤的流失及洪水的防範等。其他如芬多精、糧食的供給、調節氣候、休閒遊憩場所的提供及生物多樣性棲地的環境供應等均屬森林生態系服務。

期望實施至少封山3年。成果或許能讓下一代免於土石流災害的潛在危機，甚至在中、下游不只耕地，連居民的生命財產也能獲得保障。

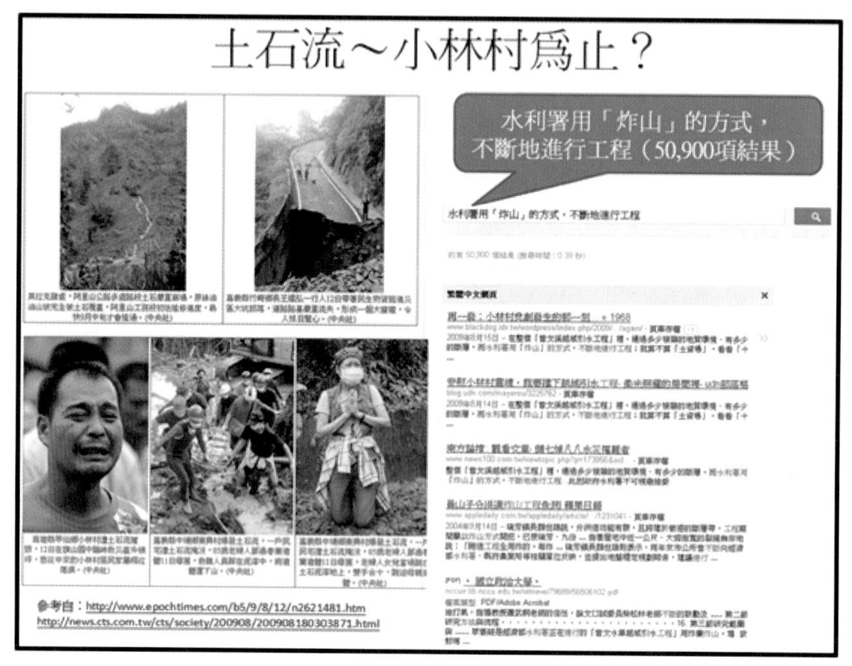

圖1-1　土石流與小林村悲劇

可怕的土石流災難眞的能下不爲例？除非全國有高度共識，至少封山3年，否則不容易。

照片1-8　奧萬大深山河谷（2012.4.8）

眾所周知地質屬於年輕的台灣島，深山內有的應該是V形谷，可惜有照片有眞相，在如此深山中印入我們眼簾的是寬闊的U形谷！仔細看還有重型機具在溪谷中進行工程，震動的聲音響徹滿山滿谷。如同前張照片所言，上游的重工程，要下游水質如何清澈？

照片1-9　奧萬大深山步道（2012.4.8）

如此高山上面，何需如此寬闊、鋪設完整的道路？有必要將樹木用水泥包住？山壁需要這種工程嗎？如果答案是需要，恐怕環境教育法的功能是不彰的！

照片1-10　「奧」萬大深山噴漿山壁（2012.4.8）

噴漿工法能擋住大自然的滴水透石刀法？真是無言！（補充說明另參見照片1-9）

第一節　日本里山概念與里山倡議

里地里山的日文發音爲「さとちさとやま」；英文羅馬拼音是「Sa-to-chi-Sa-to-ya-ma」，係由日本傳進台灣。根據中村、本田（2010）所述，可知「里」爲「田」「土」象形造字而成，實質上是具備「田地」與「土地神」的地方；換言之：歷經人類在大地上聚集生活，將該地的大自然孕育形成的人文景觀，即爲「里」；有「故鄉」的意涵。

「里地里山」在字意上並無明確的定義，以日本環境省的觀點而言：「位於都市及原始自然之間，經歷各式各樣的生活形態，形塑成的環境地貌；村落周邊的次生林，混雜林間的農地、池塘、草原等構成的地區稱之。」依此定義，台灣原生林的[13]面積從16世紀佔全島86%，至今僅剩4,003公頃的23%[14]，耕地面積808,294公頃[15]約佔全國面積22%，則台灣所謂的「里地里山」約佔國土面積的4成5。一般均以次生林區稱爲「里山」，其餘含農地之地區常名之「里地」（圖1-1-1）；但，大部分人將所有包含上述之概念統稱「里地里山」。如圖1-1-2所示，乃將北

13 二次林：原生林遭破壞後自然再生的林地，並非人造林。
參考來源：http://www.city.sano.lg.jp/komoku/kankyou/emap/syokusei.html

14 http://library.taiwanschoolnet.org/cyberfair2002/C0227800304/i03/03-2.htm (2013.3.13)

15 資料來源：行政院農業委員會農糧署：http://agrstat.coa.gov.tw/sdweb/public/book/Book.aspx（2013.3.13）

圖1-1-1　**里地里山範圍概念**

整體而言，里地里山的範圍是居民日常的熟悉場域。

圖1-1-2　**奧山、里地里山概念**

所謂的奧山（深山）指的是居民不易到達的地方，因此坊間稱里山爲淺山。

高雄由台灣海峽向東延伸越過中央山脈（主山脈基本上爲台灣之奧山或稱深山）至太平洋簡單標示奧山、里地里山之範圍。上述的里地里山範圍，不僅是人類，也是各式各樣的動植物賴以生存、生產的場域；而這個場域以植物爲此生態系食物鏈之基盤，進而成爲一套交織完整，宛如生命交響曲的生態系統。

日本里山倡議在2001年10月10日開始正式由環境省發布訊息迄今2013年，已有12年之久。國際上的相關的生物多樣性公約會議則始於1994年12月9日，在2002年[16]第6回結盟國會議（COP6）通過《2010目標》：希望到2010年時，在全球、區域和國家的層級，顯著降低生物多樣性喪失的速度，以此消除貧窮並造福地球上所有的生命。2010年10月結盟國於日本愛知縣名古屋市舉辦，第10回結盟國會議（COP10）[17]中由各國政府、NGO團體、國際研究機關等51團體（2013年目前126團體）協力創設由日本環境省與國連大學聯合提出之「里山倡議」之夥伴合作。會中並同意從2011—2020年爲聯合國生物多樣性的10年[18]。

「里山倡議」的願景在盡力促成永續可能的「自然共生社會」；從鄉里、社區、縣、市、國家的單位逐漸擴散於國際之間，更在「宇宙地球號」上每個角落。爲了達到願景，必須衆人同心協力從認知、理解上達到共識；則三項行動方針：

1.集結智慧以確保多樣的生態系統服務與價值；

2.融合傳統智慧與現代科技；

3.謀求共同管理的新策略等的具體實現難以或缺。

按照上述的行動方針，致力在自然資源的利用及管理，期許能永續經營。在實踐永續理念的同時下列五項生態學、社會經濟

16 http://www.swan.org.tw/2010iyb/ (2013.5.26)

17 http://satoyama-initiative.org/about (2013.5.26)

18 環境省（2014.2.22）http://www.env.go.jp/policy/hakusyo/h24/html/hj12010404.html

學上的觀點也必須考量：

1.環境承載量與自然回復力的範圍內利用：重新審視我們現在的生活習慣，如何讓子孫在未來還能享有大自然的恩澤。而這也是1987年聯合國在日內瓦提出「Our common future」[19]或Young（1992）中所謂的公平正義原則；實現對大自然的公平正義原則，換言之不讓子孫傳承到的大自然資源少於我們承襲自祖先的量。雖然「宇宙地球號」上的大自然已經嚴重失衡，今年2013年的地球生態透支日較1993年的10月21日；2003年的9月22日再向前邁進一個月於8月20日止[20]，一年中這之後的每一天都是向下一代借支；不立刻補救將使現況更加惡化。

2.自然資源回收再利用：朝向不可逆資源的永續利用，盡量將資源充分分配使用。

3.體認在地傳統與文化價值的重要性：不分都會或鄉村、平地、海邊或原住民部落均能互相尊重彼此的特殊文化與價值觀之判斷。

4.產官學民各方的參與和協調合作：地球只有一個，當人類同時存在於宇宙地球號上時，當全民遇到大自然毀滅時，是不分尊卑貴賤；因此各方人士的共同協助，是必要也是重要的。

5.對在地社會經濟的貢獻：里山的維護管理到實踐，在上述的狀況均能獲得有效的實施時，對當地的貢獻已經不只是社會經

19 http://www.un-documents.net/ocf-02.htm (2013.11.18)

20 http://www.footprintnetwork.org/en/index.php/gfn/page/earth_overshoot_day/ (2013.11.16)

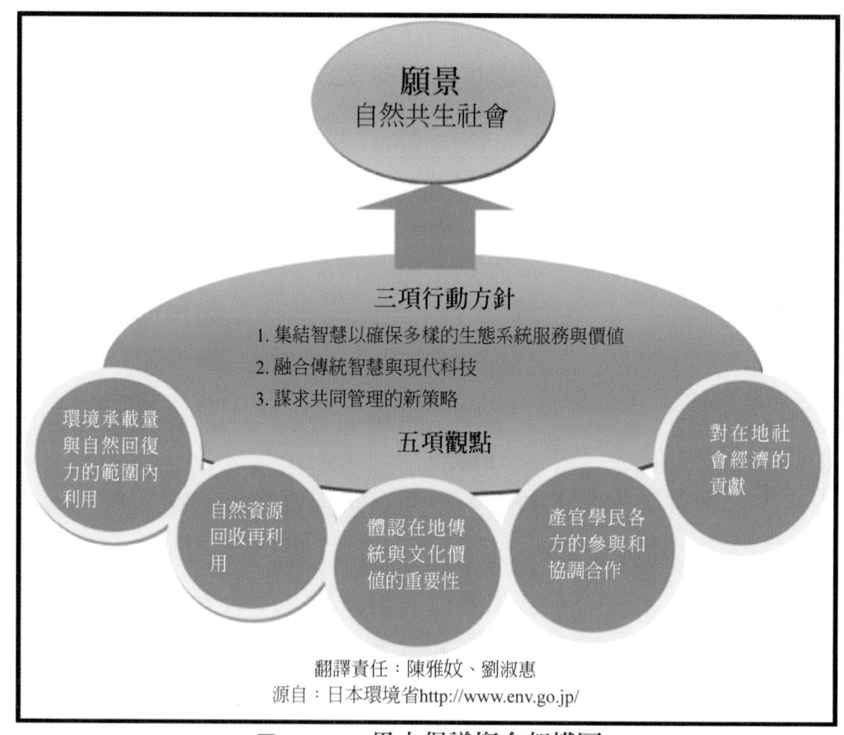

圖1-1-3　**里山倡議概念架構圖**

先認清目標再看如何執行與推動。若是從英文翻譯的中文版本，作者蓋稱之爲非「純日本的」；然而目標若一致，則又何仿？

濟的助益，而是整體的生態系統復甦，也對整個地球有正面延伸的效果（圖1-1-3）。

作者將日文版（圖1-1-4）之原意，除了圖1-1-3的標示之外，也很清楚易懂的翻譯說明如上一段所示。國內另有兩種翻譯版本（參見圖1-1-5）；其中針對「人禾環境倫理發展基金會：爲什麼要談「里山倡議」？」文中五項觀點的第四項提及「促進多元

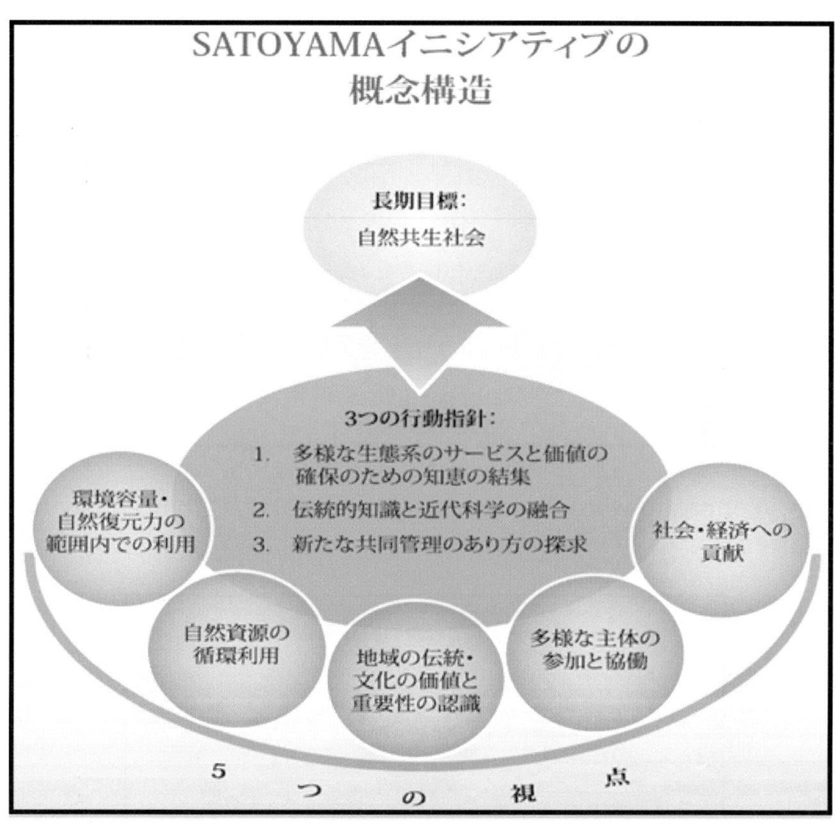

圖1-1-4　里山倡議之概念構造（日文原版）

源自：日本環境省 http://www.env.go.jp

的權益關係人的參與合作」一項，作者認為，除非一個社會已達一定水準，足以讓政府與居民理性互相對談的前提下，才可能與土地所有權人談「促進多元的權益關係人的參與合作」項目，否則台灣苗栗大埔案件的爭議不可能平息；甚至官方與民間雙方都是輸家。何況，權益關係人之界定困難重重；例如：聯合國「世

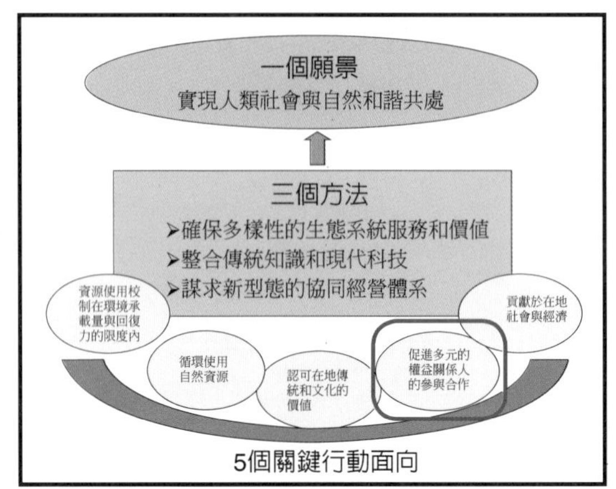

參考來源：人禾環境倫理發展基金會：爲什麼要談「里山倡議」？ http://kongaliao-water-terrace.blogspot.tw/2011/12/blog-post.html（2014.1.4）

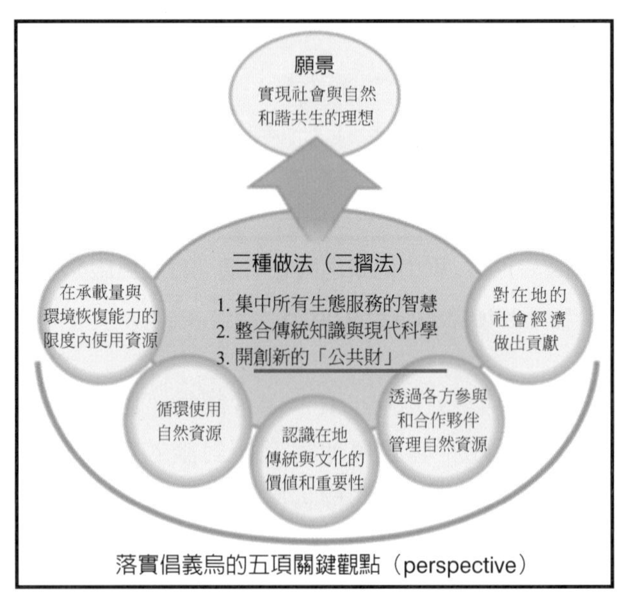

參考來源：2012全國生物多樣性教育培訓班：里山倡議（趙榮台；行政院農業委員會林業試驗所）

圖1-1-5　國內其他兩種版本之里山倡議之概念構造

界遺產」的權益關係人，不是全世界所有人嗎？再者如核電、核廢料處理、垃圾處理等的廠址選定糾紛等等不勝枚舉。因而，現階段談「促進多元的權益關係人的參與合作」是毫無意義的。何況，日文原版中並無類似的字眼出現。當然，如果該當里山地區屬於公有地，自然政府願意跟附近居民談「促進多元的權益關係人的參與合作」，誠然多多益善，以現階段台灣失業率高漲下，不失爲挽救民心之上策。至於另一個版本「2012全國生物多樣性教育培訓班：里山倡議」中三項行動方針的第3項提及「實現新的『公共財[21]』」；經反覆思索查詢，始知出自翻譯英文的「COMMONS」。然而，類似的「公共財的使用悲劇」不可能發生在台灣，也不曾發生在日本。在日本的相關定義中：它是由特定團體維護使用管理下的共有資產，類似台灣原住民的傳統獵場的概念。因此，作者認爲正確的解讀還是「謀求共同管理的新策略」。

依據圖1-1-6「日本里山之特徵與概念」，也明確顯示里山活動在利用淺山的資源。至於里山活動在日本而言，根據千葉縣市原市的「いちはら里山クラブ」代表風間俊雄先生及「ちば環境情報センター」代表小西由希子前議員的談話一致表示，在日本實施所有里山活動都是犧牲奉獻，心甘情願且歡喜付出的。政府部門的支援提供民眾有機會申請，同時也受人民歡迎

21 所謂公共財：原住民的傳統獵場，即能清楚彰顯其獨特性；非當地部落的任何人均無法侵入專屬的領域，它的內涵具有非常強烈的排他性。在日本稱該地為「いりあいi-ri-a-i」。

a	薪炭林	b	人工林	c	紅松林	d	屋敷林
e	竹林	f	草地	g	水田	h	旱田
i	水路、川	j	滯留池	k	集落	l	家畜（牛、雞）
m	蘑菇等山菜	n	燃燒草原	o	清除水路	p	整理雜木林、竹林
q	整理人工林	r	掃落葉・堆肥	s	木炭	t	香菇栽培
u	神社	v	老鷹	w	山椒魚	x	翠鳥
y	農民、森林擁有者	z	遠足				

圖1-1-6　里山概念與活動項目[22]

22 參考來源：日本の里山・里海評価，2010・里山・里海の生態系と人間の福利：日本の社会生態学的生産ランドスケープ —概要版—，国際連合大学，東京・

的；而政府部門的支援，除非是「指定管理者」的NPO團體在特定地區做里山活動的維護管理，否則在私人土地的里山活動不會出現公家機關干涉的情況。目前是「指定管理者」的「特定非營利活動法人團體舞岡．やとひと未來」的理事長小林哲子女士，在活動地點舞岡公園爲他們被指定的管理內容——「自然體驗設施／文化體驗設施」做導覽介紹時也指出，政府的經費向來是不足的，支付掉自己跟工作同仁兩人的薪水後，所剩無幾，其他還需要自籌經費來維持。

所謂的里山活動除了主要糧食作物的耕地生產維護管理之外，其他的活動細項如圖1-1-4所示，舉凡燃燒草原、清除水路、整理雜木林、竹林、整理人工林、掃落葉、堆肥、製作木炭及香菇栽培等；均爲一般尋常之淺山生態維護管理，另外也提供賞鳥活動與小朋友環境教育遠足等運用；凡此，其目的均在生物多樣化的保護與維護。從原始自然景觀到人群進入基本的維生使用（次生林的形成），進而作文化薰陶，形塑成該地的獨一無二特殊村落景觀（圖1-1-7）。

因此，任何的更動（次生林的人爲介入擾動在激發生物多樣性的回復）或無作爲（將造成次生林地的草原化、單一化），這些均能在整體上對村落景觀的形成具有深遠之影響。誠如日本學者提出的「景觀十年、風景百年、風土千年」（佐佐木綱、卷上安爾、竹林征三，1997）；十年的確能造就一幅美景，可惜缺乏內在。百年後逐漸將人爲文化的環境，融入景觀，形成堅不可摧的風景。若再經過十個百年的醞釀（逐漸融合人民的韻味，也一併薰陶出風土時，已經不是僅用「歷史文物」能加以保護而

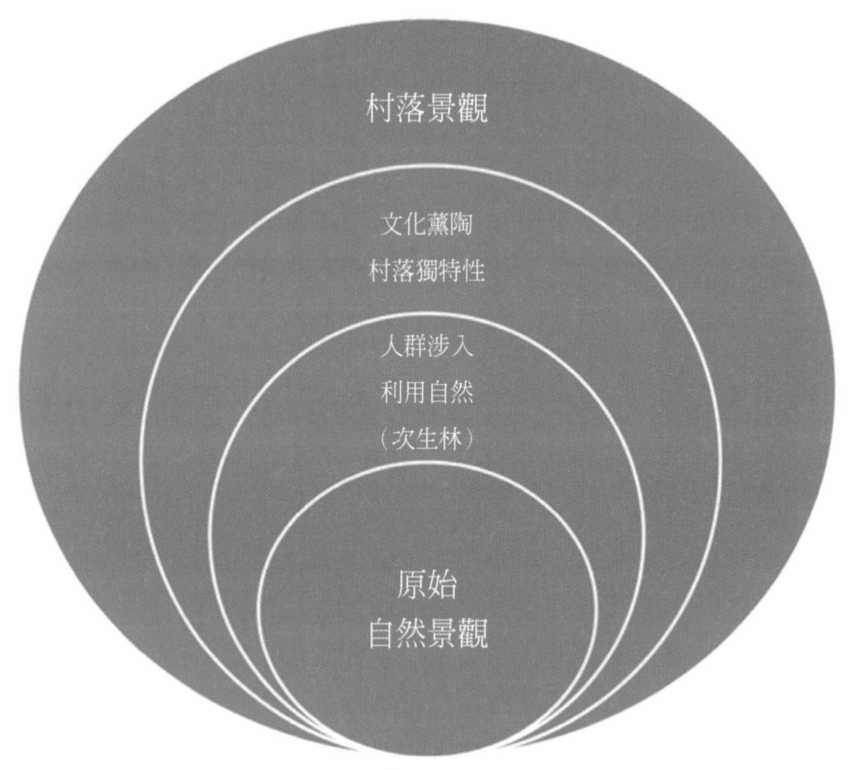

圖1-1-7　**村落景觀形成概略圖**

已），而是需動用世界遺產來加以定義。但是，新科技的進步，千年風土的遺產也能在五分鐘內消失無蹤。2001年3月3日的報紙標題「**阿富汗滅佛火箭砲擊千年佛像**」，甚至不用幾秒鐘[23]。

23 自由時報（2014.2.11）http://www.libertytimes.com.tw/2001/new/mar/3/today-p6.htm

第二節　日本案例

他山之石可以攻錯，參考先進國家案例強化自己的經驗，避免重蹈覆轍。效法國外的實施經驗，思索我國最恰當的執行方式。圖1-2-1日本的里山活動是強調與自然共生、是爲實現理想，打從心裡犧牲奉獻，所以雖然汗流浹背，也是歡樂的。

圖1-2-1　日本里山活動

擷取自：「環境省自然環境局（2012.3）事例集～自然と共に生きるにぎわいの里づくりのために～」的封面

一、茨城縣土浦市宍塚大池里山與上高津貝塚

1.宍塚大池里山與上高津貝塚概況

茨城縣土浦市宍塚大池里山（上高津貝塚）：宍塚大池（ししつかおおいけ；sisi-tsuka-oo-ike）江戶時期建造（圖1-2-2）；2010年3月11日被選爲日本百選滯留池。由現地訪查得知本區是經在地團體「NPO法人宍塚的自然與歷史之會」歷經多年苦心經營，始保有今日之成就與規模（見表1-2-1）。周圍有著名的：宍塚古墳群及國家指定歷史遺跡—「上高津貝塚」；於1995年確認：植物681種、蝶類62種（佔日本國內1/4）、鳥類140種等。宍塚大池相關自然環境概要，以及「NPO法人宍塚的自然與歷史之會」的活動內容如告示牌所示（照片1-2-1）。

表1-2-1　土浦市宍塚大池里山概要

名　稱	宍塚大池及周邊里山
管理單位	NPO法人宍塚的自然與歷史之會
面　積	0.033 km^2
圓周長	1.2 km
成　因	人造湖：灌溉周遭的梯田約40公頃
成　分	淡水
型　態	滯留池
透明度	0 m

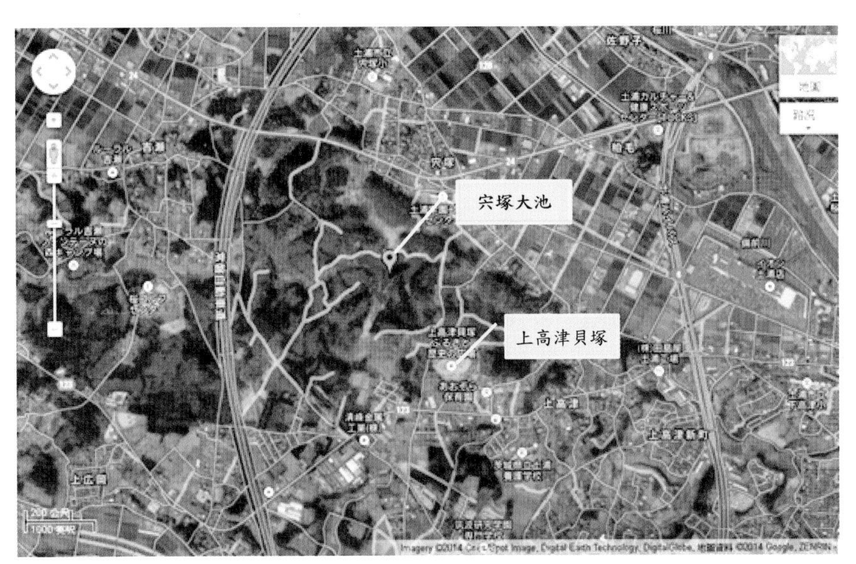

圖1-2-2　宍塚大池及上高津貝塚位置圖

1.上圖底圖擷取自2014年GoogleMap
2.左邊有常磐高速公路，連接東京到東北
3.下圖擷取自：http://www.craftmap.box-i.net/map.php (2014.2.22)

照片告示牌中譯文：
宍塚大池，乃孕育周邊100公頃豐富自然的里山。
早期的關東平原，諸如此類的里山是非常普通到處可見。
然而，至今卻成為珍貴的碩果僅存的里山風貌。
本區上高津貝塚、宍塚古墳群等的挖掘發現，可見蘊藏豐富的遺跡、史蹟。
我們一方面擁有開發計畫，也為了期待讓此處里山的自然能延續至下一世代，除了獲得當地居民合作協助，至今已經進行各種型態的活動來進行里山自然保育的工作。
進而，為了讓里山成為擁有富饒的自然生態與美好的景觀，有待大家的積極投入與齊心協力。
主要活動內容：道路與休耕地的除草，林間的除草、垃圾撿拾、水面的雜草清理、生物跟水質等的調查、自然觀察會、梯田的保全活動（梯田的水稻耕作、稻米擁有制）、里山親近農園（市民農園）、環境教育、講古
詳盡內容，請參照簡介NPO法人宍塚的自然與歷史之會
登錄：聯合國教科文組織未來世界遺產　選定：滯留池百選（農林水產省）

翻譯責任：陳雅妏、劉淑惠（2013.11.23）

照片1-2-1　宍塚大池與告示牌2013.8.25

於淺灘處設立的木製說明告示牌，陳述著社區居民對這個大池的厚望。

2.視察實況（2013年8月）

- 宍塚大池與周遭樹林，渾然天成形成一體，由農田與農家生活賴以維生且歷經周遭居民用心而保存完好的環境～里山文化的地區圍繞。呈現約100公頃豐富的自然環境且美好的景觀；宍塚大池周邊景觀及其里山風貌（照片1-2-2～1-2-4）與宍塚大池之外來棲息生物（照片1-2-5）及水田共棲之蜘蛛（照片1-2-6）。誠如「NPO法人宍塚的自然與歷史之會」理事長及川ひろみ女士（OI-KAWA　HI-RO-MI）所言：與外來種的奮戰，也是維持地景地貌的重要環節；都需要持續加強管控才能避免生態浩劫。
- 周邊的雜木林與濕地草原等多樣豐富的自然環境，同時也為多樣的生物—包含瀕臨絕種紅色檔案書，所記錄的動植物的棲地。江戶時期以前，建造在沒有水源供給的台地上，現今利用仰賴雨水提供水源的貯流池，作為灌溉下游的谷間田與台地下方40公頃水田耕地的珍貴水源供應池。
- 本區目前由「NPO法人宍塚的自然與歷史之會」為活動推動的主要團體，當地居民也共同參與，進行一連串的維護管理貯流池與周邊里山的自然保育保全活動。同時亦提供周邊小學作為環境學習的場所（照片1-2-4）。

照片1-2-2　宍塚大池2013.8.25

湖光水色共天，充滿詩情畫意，令人流連忘返

照片1-2-3　宍塚大池周邊里山風景2013.8.25

照片1-2-4　宍塚大池周邊親近農園與田圃學校2013.8.25

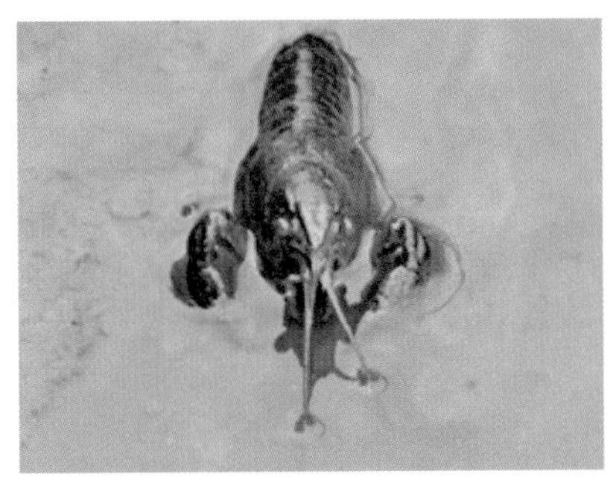

照片1-2-5　宍塚大池生物2013.8.25

照片1-2-6　水田與蜘蛛2013.8.25

3.值得參考與借鏡

・上游貯流池的源頭活水，不僅提供稻田耕作的灌溉水源，也提供維持生物多樣性的最佳環境條件。上游的水土保持的重要性不言可喻。

・下游谷間田收穫的稻米，利用契作稻米的方式確保農作產品的產銷，以作爲團體的收入，穩定自然保育活動的營運。由工商企業界用實際行動實施契作方式的行爲，來彌補昔日的以農養工，在台灣而言誠爲能有效遏止噴灑農藥的最佳手段。

二、橫濱市立舞岡里山公園

1.舞岡里山公園概況

舞岡公園（日音：Mai-oka Kou-en）屬於橫濱市所有；以谷津田（谷間形成之水田）地形聞名的公園，殘留自古以來的舊有田園風光，水田、旱田、雜木林等的農業氣息濃厚；爲了保護棲息其間之生物，而設立了舞岡里山公園（圖1-2-3）。

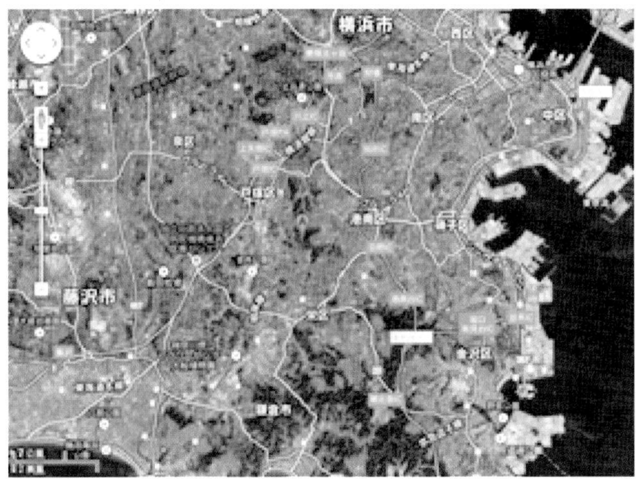

（底圖擷取自GoogleMap）

圖1-2-3　舞岡公園位置A及設施分佈圖

表1-2-2所示舞岡里山公園面積28.5公頃，設立於1992年，目前由「指定管理者」：「特定非営利活動法人舞岡・やとひと未来—中譯：NPO舞岡・人與未來」經營管理。

公園內的里山活動均秉持一個法則：絕不帶進來，也絕不帶出去。園內耕種的稻米等糧食作物及蔬菜水果等均不販售，所有物品均使用於祭典、志工餐聚或各式各樣的活動舉辦時的供餐。園內無販賣機不提供飲食、沒有垃圾桶，垃圾請各自帶回家。印入眼簾的印象是：乾淨的、儉樸的、自然的、工整的及協調的，沒有台灣四處均能簡單發現的水泥牆、水泥河道、水泥鋪面甚至是水泥標示牌等（照片1-2-7～照片1-2-10）。經過細心照護，擁有梯田、山林的自然公園；園內的生物棲地豐富，生物群聚，爲生態多樣化下里山活動的經典活招牌。

表1-2-2　橫濱市立舞岡公園簡介

所在地	神奈川県橫濱市戸塚区舞岡町
種　類	横浜市立都市公園（廣域公園）
面　積	285,000m^2
開　園	1992年12月
營運管理	橫濱市 （指定管理者：特定非營利活動法人舞岡・人與未来）

照片1-2-7　舞岡公園招牌2013.8.26

簡單明瞭的標示牌跟生物絕讚的棲地（沒有除草劑與濫伐濫墾的痕跡）

照片1-2-8　古民家與納屋

乾乾淨淨，是工整的也是整齊畫一的，這就是日本傲人與令人欽佩的品德——一絲不苟。（龜毛的國民性格造就歷經近20年的經濟不振依然不敗）

照片1-2-9　舞岡公園農地2013.8.26

四處都是綠意盎然，只有細的草繩、竹條（沒有惱人的水泥、鐵柱跟鐵絲網）。

照片1-2-10　舞岡公園2013.8.26

園內簡單指標、木製階梯及泥土步道。（一切循著自然就是美的模式）

2.視察實況（2013年8月）

橫濱市綠地基本計畫「綠地七大據點」之一，位於舞岡・野庭地區的心臟部位。舞岡公園的特徵列舉如下：

(1)水源的森林

舞岡公園保有昔日風貌景致，活用梯田、山林、田圃的自然公園。周遭繁茂的雜樹林所擁有的保水力，涵養豐富的水源，因而孕育豐富動植物相，亦爲支撐田園活動的支柱。

(2)自然環境受到保護

公園內有5處自然保護區。此公園爲不受人爲干擾，僅有野生動植物的場所。公園內部雖設置步道，許多地方限制人及寵物進入。致力生態系的平衡乃本公園核心主題之一，因此制訂到訪者遵守公約。

(3)可以親身進行農業

公園內擁有富饒廣大的水田耕地，可以親自進行農業體驗活動。

(4)天然ㄟ尚好

這也是諸多到訪本公園的感想。公園內部摒除一切象徵都市人造物的水泥叢林都市的人工構造物，享受徜徉在純粹自然的靜寂與清透的環境。

3.值得參考與借鏡

・善用「指定管理者制度」；此制度乃由地方政府指定特定NPO團體進行公園的維護管理並補助部分經費。以達到公園的永續經營之目的。

- 人口密度達8,500人的大都會區—橫濱市[24]，能擁有一個傲人的里山活動公園。值得台灣的各大都會區深思、檢討與改善。台灣都會區除台北市人口密度達約9,890人外，其餘均在5,000人以下[25]。
- 公園內部排除一切的人工材料，就地取材，處處可見其中的細膩巧思。正是「less is more」的最佳詮釋。
- 設立會員制。讓想爲保育里山環境盡份心力的人，有機會擔任志工，一同參與團體的環境維護工作。並對會員徵收會費，以維持協會工作的持續運營。
- 指定管理者制度：乃由地方自治法修正得來的新制度。一直以來「公家設施」的管理只能委託地方自治法規定下的團體，法規更改修正後；民間企業、各種法人及其他團體，均能針對設施的管理，被指定爲「指定管理者」。「公園」項目則在2004年7月開始導入指定管理者制度。

24 橫濱市網站（2014.2.11）http://www.city.yokohama.lg.jp/ex/stat/jinko/news-j.html

25 內政部統計月報http://sowf.moi.gov.tw/stat/month/list.htm（2014.2.22）

三、千葉市古敷谷里山

1.古敷谷里山概況與視察實況

古敷谷位於千葉縣市原市（圖1-2-4），現由「いちはら里山クラブ（中譯：市原里山俱樂部）」經營管理。面積大約2.2公頃，裡面種植杉林、水田、蔬菜等，另有一處名爲蜻蜓池的水塘。產權屬於私人所有（表1-2-3），五年簽一次約，至今已有20年，目前比較憂心的是簽約人年事已高，其後代是否繼續讓里山活動持續，而進行簽約動向不明。

圖1-2-4　千葉縣市原市古敷谷（A）的位置及其周邊之高爾夫球場

跟台灣的山壁一樣，青翠的山壁是樂見的，成了變形蟲狀時就是生病了。（以上底圖均擷取自GoogleMap）

從照片1-2-11及照片1-2-12可清楚知道，古敷谷也是屬於山谷間的水田（谷津田）地形。周遭多類似之水梯田，已經被收買，開發成高爾夫球場。由圖1-2-4可見離古敷谷一公里之內就

照片1-2-11　a古敷谷的廣場及梯田區，b里山活動小木屋，c入口處的警告標語。

2013年8月27日古敷谷的里山活動説明，相片中人物：台灣參訪人員12名＋筑波大學教授伊藤太一＋市原里山俱樂部成員。照片a擷取自：いちはら里山クラブ公式ブログ（2013.11.20）http://blogs.yahoo.co.jp/kawasemidori811/15578408.html

照片1-2-12 a.利用間伐後的木材創造出水流的童趣，
b.梯田邊的小徑也是利用間伐得來的木材，
c.外來種螯蝦的誘捕工具竹籠都是取自大自然。

有三座高爾夫球場，附近更清晰可見七處變形蟲狀的高爾夫球場。相對於古敷谷的水梯田等原風景的呈現，顯然對比強烈。或許這正也說明參與志工活動的會員之間緊緊聯繫的使命感，也清楚可以推論出爲何「市原里山俱樂部」能存在如此長的時間。

2.千葉市原里山俱樂部簡介

本文資料部分整理自理事長風間俊雄先生所提供的「いちはら里山クラブ」PPT簡介，目的在介紹日本NPO團體如何運作里山活動給台灣相關團體參考。千葉市原里山俱樂部成立於1989年4月至今約25年，前身「市原市自然保護協議會」，歷經兩次更名後，2003年第三次改稱現名「いちはら里山クラブ—中譯：千葉市原里山俱樂部」目的與現在的宗旨均爲自然保護，當時主要活動在：將自然環境的問題向政府相關單位提出建言與期待、舉辦自然觀察與歷史探訪活動、協助政府單位之環境調查活動。1993年開始打理深城、古敷谷的里山活動，1994年以古敷谷、天羽田、安須及高坂等四個地點爲重要里山活動場域，2005年加入能滿。因此目前團體主要照顧千葉市內上述5處里山，進行杉樹林、雜木林的墾伐、雜草割除、蜻蜓池塘的照顧、竹林的整理等（圖1-2-5）。整理並守護里山、不定期舉辦一日里山體驗等的活動。根據風間理事長的說法：每個俱樂部成員都是以歡喜甘願，犧牲奉獻就是爲1950年代「原風景」逐夢的心情來參與里山工作；不僅是無薪志工，甚至還要自費出錢來維持俱樂部的開銷。

俱樂部的會員來自不同的領域且擁有多樣各異的專長與技能。有效善用各會員不同領域的專長（如：動植物專家、攝影

五個活動地點

①古敷谷
- 1993年、活動開始
- 杉林、休梯田、蜻蜓池等
- 約22,000m^2

②天羽田
- 1996年、活動開始
- 雜木林、竹林
- 約8,300m^2

③高坂

④安須
- 1999年、活動開始
- 竹林、雜木林、古墳群
- 高坂 約7,000m^2
- 安須 約7,000m^2

⑤能滿
- 2005年、活動開始
- 竹林
- 約6,600m^2

圖1-2-5　千葉市原里山俱樂部五個活動地點分佈圖

專家、土木工程專家、園藝專家等）。有志一同保育里山自然生態活動不遺餘力。如圖1-2-6所示，活動頻率約一個月3～5次，原則上在星期三及星期六實施；年平均約35次（最近10年的平均）。2006年以後會員人數逐漸增加的同時活動內容也呈現多樣化；2004年就是很單純的里山保全活動，2006年開始加上里山體驗營、活動展示、臨時會議或是研習會等。會員的年齡層也從單一的退休人員，到2013年的不到50歲的會員共有10人，雖然平均年齡還是高達62歲，但是30歲以下的也有3人，最年輕的27歲。總共61人當中，女性佔了18人（圖1-2-6-1），這個現象已經讓風間理事長感到欣慰。根據內部資料顯示，有80%的會員來自市原市，10%來自千葉縣，其他地區佔了10%。因此只要

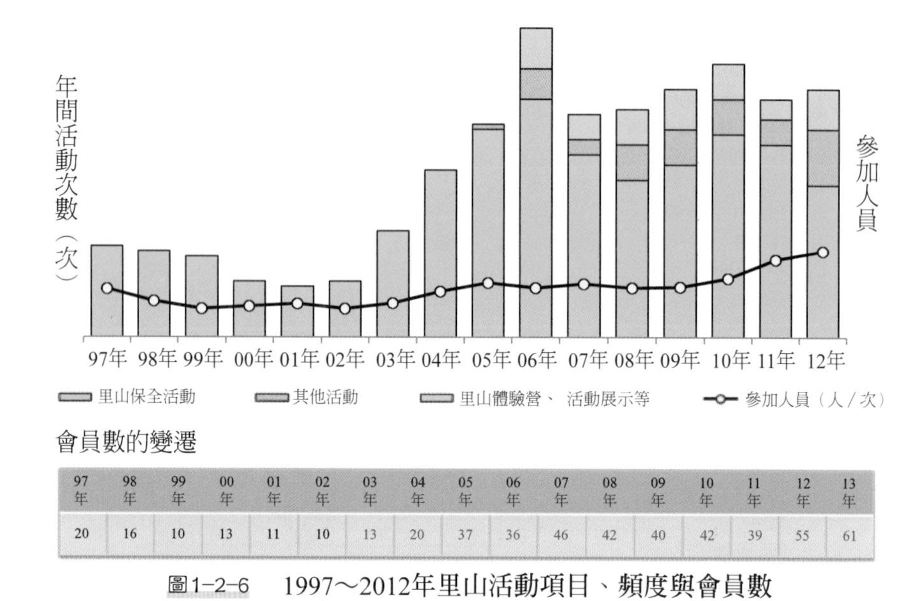

會員數的變遷

97年	98年	99年	00年	01年	02年	03年	04年	05年	06年	07年	08年	09年	10年	11年	12年	13年
20	16	10	13	11	10	13	20	37	36	46	42	40	42	39	55	61

圖1-2-6　1997～2012年里山活動項目、頻度與會員數

有意願，即便不是當地人均能勝任；風間理事長的故鄉也不是千葉。圖1-2-7～圖1-2-9是里山活動中的整理杉林或竹林；並將整理出來的竹林碾碎，呈粉狀後方便當肥料再利用。圖1-2-10與圖1-2-11則爲利用整理得來之木材製作成木炭或是木製實用、裝飾用品，並加以利用來宣傳展示。圖1-2-12乃於高坂、安須、天羽田等地實施里山活動，項目爲整理雜木林。圖1-2-13顯示古敷谷的棄耕地活用案例具有相當的成效。圖1-2-14在古敷谷的水梯田、杉木林、蜻蜓池等成功的被回復後，成爲形塑自然教室、里山體驗營等的最佳典範地區。圖1-2-15所有成員在參與任何活動時都是專心的模樣；不管是室內或室外的活動、甚或吃西瓜的樣子，一心一意的精神是值得學習的。

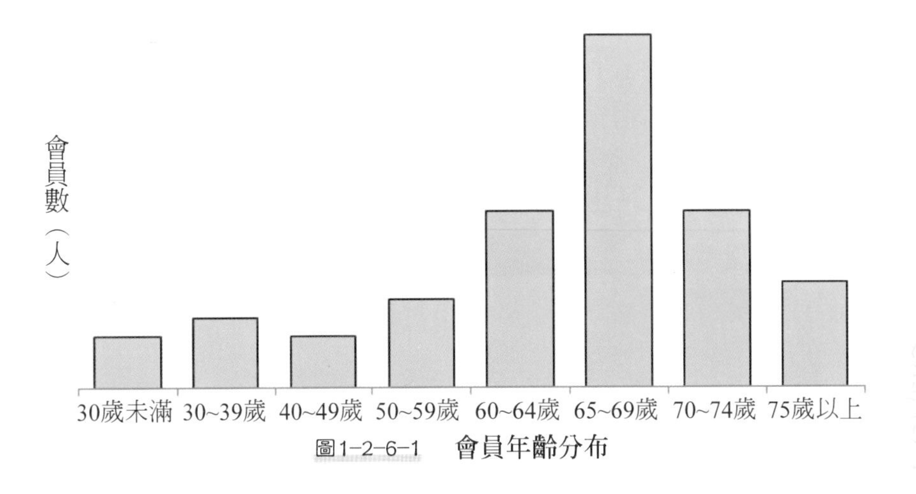

圖1-2-6-1　會員年齡分布

圖1-2-7　里山活動—活動案例①古敷谷的杉林整理

圖1-2-8　里山活動—活動案例②高坂、能滿的竹林整理

圖1-2-9　里山活動—高坂、能滿的竹林間伐後竹子的處理

圖1-2-10　里山活動—間伐材的利用①古敷谷製作竹碳

圖1-2-11　里山活動—間伐材的利用②展示宣傳

圖1-2-12　里山活動—活動案例③雜木林的整理（高坂、安須、天羽田）

圖1-2-13　里山活動—活動案例④棄耕地的活用（古敷谷）

圖1-2-14　里山活動—活動案例⑤自然教室、里山體驗營等（古敷谷）

圖1-2-15　里山活動—活動案例⑥其他活動

3.值得參考與借鏡

- 俱樂部的成員，除了鼓勵當地居民的積極參與，廣納有心投入里山保育的志同道合伙伴。
- 集結並善用多方人才之所長，有效發揮衆志成城之力量。
- 里山保育非口號，重視身體力行；不定期舉辦各式各樣的體驗活動，一面增進俱樂部成員的交流，亦有效落實里山保育的工作。
- 達到共識後，具有效率的執行力、始終如一與犧牲奉獻的精神是值得參考學習的。
- 廣結人緣，積極參與國際活動不劃地自限的宏觀想法。
- 從2004年起至2013年已經順利完成大型里山相關研討會10次。
- 不只是善用地方人才（里山活動的基礎），也跟當地的研究團體（研討會的舉辦順利與成功的重要關連）、官方保持良性互動（徵求共同舉辦時，也能同步推出宣傳展示成果），等等均值得參考與學習。

表1-2-3將上述的案例列表整理如下，前面二者是公家的範圍，後面是屬於私人土地。不管會員數目、里山活動的參與者的多或寡，共同的目標都一樣，生物多樣性—人與自然共生社會的追求。

表1-2-3　日本三個案例之差異一覽

案例地點	宍塚大池里山（上高津貝塚）	舞岡公園	市原市　：天羽田（雜木林）、高坂（竹林、杉林）、安須（竹林）、古敷谷（雜木、杉林、梯田）、能滿（竹林）
土地類別	國定公園	市立公園	
所有權	農林水產省	横濱市南部公園緑地事務所	私人（古敷谷第二代已經年逾80，一期5年的簽約已有20年之久；目前擔心第三代之動向）
經營管理	NPO團體（宍塚の自然と歴史の会—1989年成立）	NPO法人舞岡・やとひと未来（指定管理者）1983年成立	いちはら里山クラブ（1989年4月成立）
管理內容	1.驅除外來種（藍鰓太陽魚、黑鱸魚等） 2.宍塚每週六舉辦大自然探勘	梯田、山林、田地等的維護及野鳥、昆蟲、植物等的觀賞及維護	每月第2星期三、第2星期六及第4星期六（3次／月）進行：整理杉林、整頓景觀、整理生物園區、森林間伐、除草、保全雜木林、環境教育、森林浴及動植物的觀察、採筍等
會　員	里山保全的先鋒會員總數約600人（正會員約200人）	約有500個團體會員	2013年會員總數約60人，以60歲爲中心

第三節　日本里山問題與對策

以國家的高度來制訂保護國土，避免天災人禍造成國土難以挽回的破壞；原本是天經地義的平常事。當約40億歲的「宇宙地球號」在整體上，因近年來遭受氣候變遷，造成地球溫暖化，加上生物多樣性的問題逐漸在國際上受到重視。

以濕地保護水鳥棲息地爲目的之濕地公約於1971年2月2日在伊朗的拉姆薩草擬完成，故又名拉姆薩國際溼地公約（英文：Ramsar Convention-Convention of Wetlands of International Importance Especially as Waterfowl Habitats），1975年12月21日溼地公約正式生效。日本在1980年6月加入濕地公約同盟國。

日本雖然在1993年加入生物多樣性公約，同年1993年通過環境基本法，更在1995年就制定「生物多樣性國家戰略」、2002年通過自然再生推進法，目的在還原遭受破壞的生態系，對於生物多樣性的保全擔負重大任務；透過地區NPO、專家學者、政府、居民等的參與，對河川、濕原、潟湖、里地、里山、森林、珊瑚礁等自然環境的保護、再生、創造及維護管理提供法律依據。2004年針對外來種的威脅制訂「特定外来生物による生態系等に係る被害の防止に関する法律（簡稱外來生物法）」。2008年6月6日通過生物多樣性基本法。

由圖2-2-4所示：日本之里山相關法規中，土地利用乃由1973年自然環境保全法、1957年自然公園法、1951年森林法、1968年都市計畫法及1969年農業振興地域整備法（簡稱農振法）等五個基本法所規範。最後在1974年制訂了整體的國土利用計畫法。經由這些法律各個該當地區（自然環境保全地區、自然公園地區、森林地區及農業地區、都市地區等）之土地利用得以順利進行限制與規範或劃定範圍。另外，在景觀、綠地與生態上也訂定了相關法規；例如：1956年都市公園法、1962年都市樹木法、1986年首都圈近郊綠地保全法、2006年都市綠地法、爲了都市美觀風景維持，限制樹木的砍伐或恣意改變土地的形狀等的限制所推出的相關法規，如：樹木保全法、特定區域的土地利用規範。2005年景觀法則由國土交通省、農林水產省、環境省、文化廳共同制訂（武內、三瓶，2006）。

日本里山的問題早在1950年代即已形成，因擴大造林及人口增加、農地面積的增加造成林業的萎縮減少。1960年代高度經濟成長，工業擴大、國土超限開發、影響自然與生活環境及能源革命導致薪炭需求銳減等因素，淺山生態影響日增，1970年代則因都市近郊的開發自然綠地逐漸消失。20年後的1980年代則開始出現務農者放棄耕作或繼承者不足窘境等；農村問題開始浮現；即便法規早已制定完備，然而，官方政策也難敵現實的經濟壓力與人口問題。

在這時期民間團體的力量，也從過去的市民團體[26]（如：1948年的主婦連合會）從50到70年代，抗議政府政策及企業界的欺騙、壓榨（1948年9月的火柴盒瑕疵品事件、1960年的假牛

26 主婦連合 http://shufuren.net/（2014.2.22）
http://shufuren.net/modules/tinyd4/ (2014.1.22)

肉罐頭事件等）、1970年代轉變成反公害、反開發問題等[27]。1980年代開始「自己能做的事自己做[28]」各式各樣的議題也隨著市民運動應運而生，其中針對自身周遭的環境意識逐漸抬頭，因應對策也適時被注意而提出，如：農村景觀保全的重要性開始被重視、瀕臨滅絕生物的保護運動等等事件，均因此而逐漸被有目的的擴大讓政府與開發業者有所警惕，而不至於危及國土的保全問題。日本也在1998年成立「特定非營利活動促進法（NPO法）[29]」管理逐漸氾濫的非營利法人。

近年來，因里地里山的荒廢導致生物多樣性產生變化，加上農村人口減少、外來種的入侵，生態系遭逢破壞、動植物面臨滅絕危機等的問題。日本政府於2010年12月由環境省、國土交通省、農林水產省等三省負責共管，提出「地域における多様な主体の連携による生物の多様性の保全のための活動の促進等に関する法律（簡稱里地里山法）」儘管已經立法，批評者依然很多[30]。例如：**基於原本依法需要「許可」才能進行之計畫行動，依據「里地里山法」就能免除的特別處置，而有圖利NPO團體的說法**[31]。

27 http://blog.canpan.info/waki/archive/13 (2014.1.22)

28 同上

29 日本內閣府網頁（2014.1.22）https://www.npo-homepage.go.jp/index.html

30 http://semi.ksc.kwansei.ac.jp/hisano/97_03.html#ex97_03 (2014.1.21)
http://nora-yokohama.org/satoyama/003/22_2.html (2014.1.21)
http://kurita.gyosei.or.jp/nporekisi.html (2014.1.22)

31 http://greenerw.exblog.jp/15111493/(2014.1.21)

「地區各團體連合為保全生物多樣性活動的促進法-暫譯（簡稱里地里山法）」，推出時普遍被視為NPO團體的大利多[32]，因此贊成、反對者均有。即便在前述2002年的自然再生推進法，就已有NPO團體與產官學民參與並主導的機制，可惜仍引起一些反對的聲浪。由上述種種狀況可以推論凡是法規之訂定必無一次即能完整無缺，即便是前置的相關法規完備，也必然有反對的聲音。所以，無論台灣是否有完整一整套的生物多樣性法規，基本上，可以先參考日本的里地里山法，來制訂適合台灣的里山法規。**但如同日本的里地里山法一般，需留意此法要由全民監督，內容也必須是公開透明；否則，將容易造成NPO團體的擴權與利益糾葛！**

第四節　日本農田型態與里山類型

日本農田主要型態可分：地質影響地下水的豐沛與貧瘠而有：旱田、水田之分。其中多數為水田。一般水田在地形上區分一棚田（梯田）再分土堤梯田、砌石梯田等；平原水田、谷地水田、沖積扇水田、河邊水田及台地水田等；較特殊者為將海水圍堵後在將水抽乾利用之「乾拓地」農田（如：九州西北部的有明海乾拓[33]地（圖1-3-1）、印旛沼乾拓等）。不同地形景觀下

32 http://kurita.gyosei.or.jp/nporekisi.html (2014.1.22)

33 http://www.maff.go.jp/kyusyu/nn/isahaya/outline/history.html (2013.12.12)

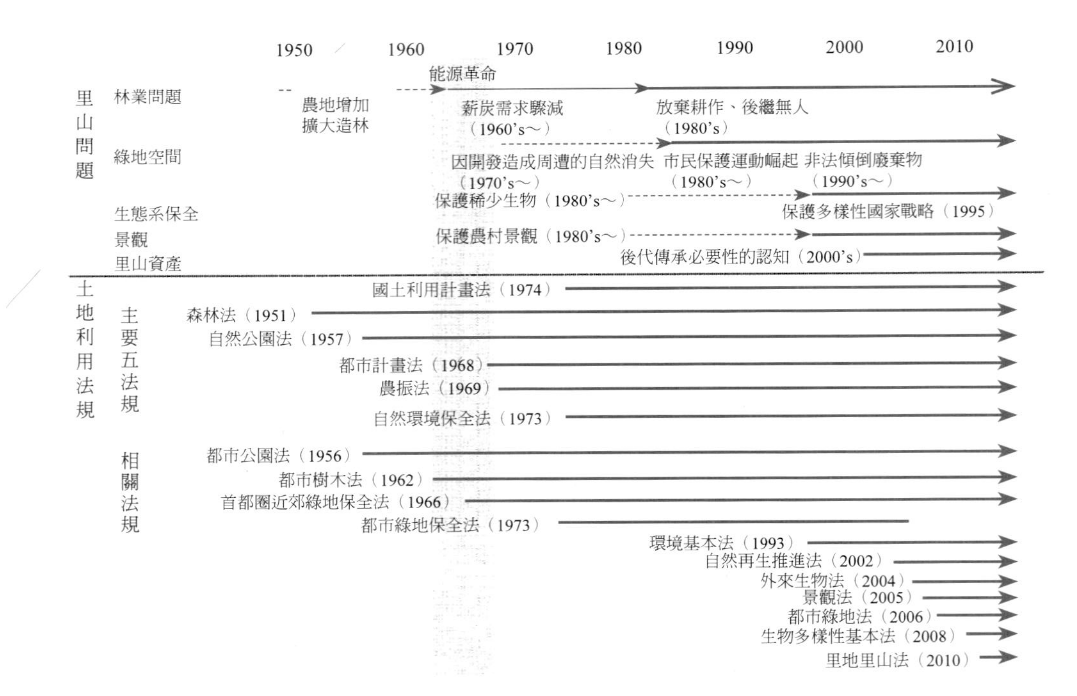

圖2-2-4　日本里山問題與土地利用法規

擷取並改修自：（武内、三瓶，2006）

圖1-3-1　海堤、排水孔、乾潟堆積及乾拓地的形成

乾潟的土沙堆積作用導致不容易排水。參考自：http://www.maff.go.jp/kyusyu/nn/isahaya/outline/history.html

的水田造就生物的多樣性，也一樣成就了多樣的農田景觀型態。自然農田的農作物也不僅是水田糧食作物而已，也含括所有的雜糧作物、高經濟作物等。

日本里地里山地景地貌原則上並無特定的類型，本文不僅爲了學術歸納上的方便整理，參考日本的類型案例（與台灣類似的區域）。並以此爲主要依據發展了後面章節的台灣里山類型，用意在強調與方便大家於接受且開始重視里山議題時，能在第一時間搜尋自己故鄉或住居附近周邊環境上，是否有相符的里山環境，並能適時發起里山活動。本章節係參考整理自中村俊彥、北澤哲弥、本田裕子等三人於2010年在千葉縣生物多樣性中心研究報告中所發表之「里山里海の構造と機能」文章。文中以日本關東及中部爲對象地區，從立地環境及構造的特徵區分里山之型態爲四大型態：里山、里海、里川、里沼；其次再依特性分出細項：如里山再細分四類型：山間里山、台地里山、谷津里山、平野里山，里海則再細分為三類型：干潟里海、砂浜里海、磯里海，加上里川跟里沼總共為九種類型（表1-3-1）。

表1-3-1　日本里山九種類型

	日本	地形圖
里山 農山村為主，維生主要以農林業。本區又以地形、土地利用、維生方式等細分四種	**山間里山MOUNTAIN（M）** ·位於丘陵地到山地之間 ·土地利用主要為森林、林地，水田為梯田及山谷狹田。地勢傾斜屬旱田，也舉行燒耕，作物有蕎麥、粟子。林業則生產木材、木炭，也常見木工、燒木炭。 ·農田祭祀時的儀式、祭祀山神的祠堂等都還持續存在。 ·代表地區為房總丘陵：市原市、大福山（見右圖）。	
	台地里山TABLELAND（T） ·位於沈積台地或扇狀地上 ·土地利用主要為旱田，也能看到森林與林地，缺乏水源，也難以保水，因此主要是利用來放牧、牧場 ·明治以後，進行開發，旱田則大麥、小麥、甘薯、馬鈴薯等根菜類、落花生、大豆等豆類作物為主 ·代表地區為下総台地等：三方町、所澤市（見右圖）。	

（接下頁）

	日本	地形圖
	谷津里山VALLEY（V） ·位於台地到丘陵的山谷地形裡以谷津或谷戸中心 ·土地利用上，因多小河川及湧水，因此水田、旱田及林地均衡配置；山谷裡也種植谷津田或谷戸田，旱田則栽種馬鈴薯、蘿蔔、落花生等，林業則盛產木材跟木炭 ·傳統祭典中的過年用過的裝飾品等的焚燒儀式「塞神行事」還留存。 ·代表地區爲房総半島北部各地：千葉市（見右圖）。	
	平野里山PLAIN（P） ·位於沖積平原 ·土地利用上低地有水田（平田）密布，林地或旱田較少，沖積扇、河階或自然堤防等稍微隆起之高地均利用成「島畑」。生業主要是農業，生產稻田、蓮藕、芹菜等 ·尙保存稻作祭典，如送蟲、乞雨等 ·代表地區爲九十九里平原等：茂原市（見右圖）。	

（接下頁）

	日本	地形圖
里川	里川RIVER（R） ·位於河川中下游，村莊則點狀散佈在河川邊緣。 ·土地利用上除水田外也有旱田、林地。生業則以漁業跟農林業。河川能捕獲鰻魚、鮎魚、鮭魚、鱒魚及蜆等。水稻、旱田、農牧業都存在。也有發展成水運樞紐的村落。 ·代表地區爲利根川下游：銚子市（見右圖）。	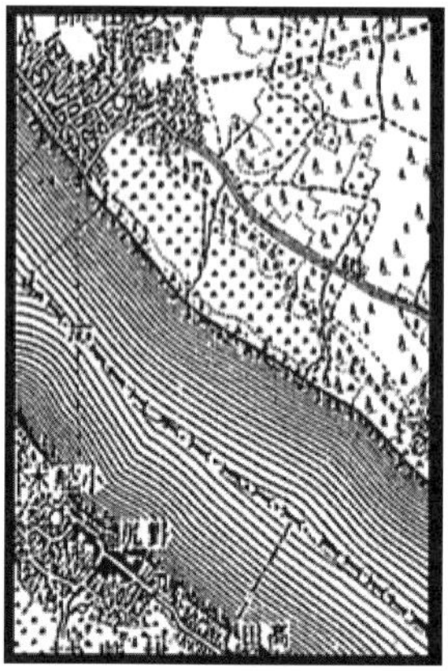
里沼	里沼BOG（B） ·位於沖積平原的湖沼，以村中擁有湖泊爲主 ·土地利用則以湖泊岸邊低地種水田，較高地區則爲旱田及林地。生業以半農半漁爲主。湖沼內，利用小船可以捕獲鯽魚、鯉魚、鯰魚和河蝦。冬季農閒時期有獵鴨活動。 ·代表地區爲印旛沼周邊：成田市（見右圖）。	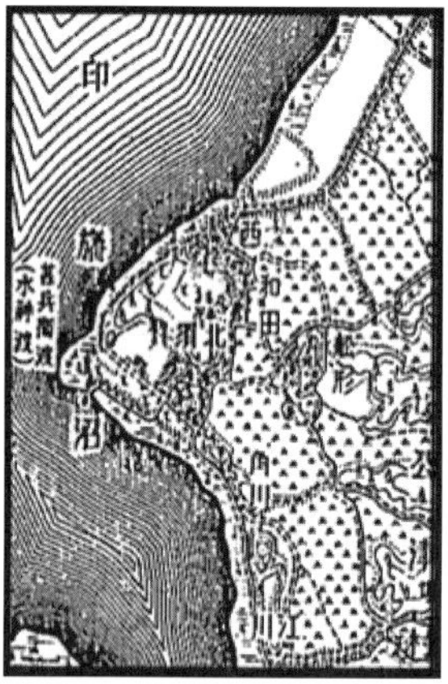

（接下頁）

	日本	地形圖
里海 主要生業爲漁業的地區，也有半農半漁或農業的地區。以下根據地形、土地利用及生業條件等在細分爲如右表之三類。	**干潟里海LAGOON（L）** ·位於沖積平原到淺海域的超過一公頃面積的潮間帶。以漁業爲中心的農村聚落。 ·土地利用以低地爲水田，也有塩田。旱田、林業很少。生業以漁業及農業爲主。漁業利用打瀨舟及四手網捕獲烏魚和多刺蝦虎魚、鰻魚、蟹及蛤；養殖海苔。 ·代表地區爲東京灣岸：浦安市（見右圖）。	
	砂浜里海SANDYSHORE（SS） ·位於沖積平原到砂浜海岸，以「納屋集落[34]」的方式形成聚落。 ·土地利用以砂岸爲中心，内陸廣佈水田。生業以漁業爲主，利用地曳網舟捕獲眞鰯、背黒鰯、舌平目、團平喜佐古（卷貝）、蛤蜊（韓國蛤）等。 ·代表地區爲九十九里海岸地區：白子町（見右圖）。	

（接下頁）

34 漁村において，海岸線が海のほうに後退した場合，それを追ってできる一種の新開集落。初め漁具や漁船を保管する納屋であったものが住宅化し，集落となったもの。九十九里浜に典型がみられる。http://www.seadict.com/ja/ja/納屋集落（なやしゅうらく）

	日本	地形圖
	磯里海ROCKYSHORE（RS） ·位於谷灣式海岸[35]（沈降海岸）屬於岩礁海岸地形，狹隘的平地裡形成村落靠海而存在。 ·土地利用以海與陡峻的山林爲主，水田或旱田非常少。生業爲漁業，也補鯨，近海的潛水捕魚，釣魚等能捕獲鯖魚、鰤魚、鰹魚、龍蝦及鮑魚等過去曾使用小型高速船送往江戶（東京）。隨季節也能有鹿尾菜、羊栖菜[36]、幅海苔、昆布等海菜的收穫。 ·代表地區爲南房總地方的海岸地區：勝海市（見右圖）。	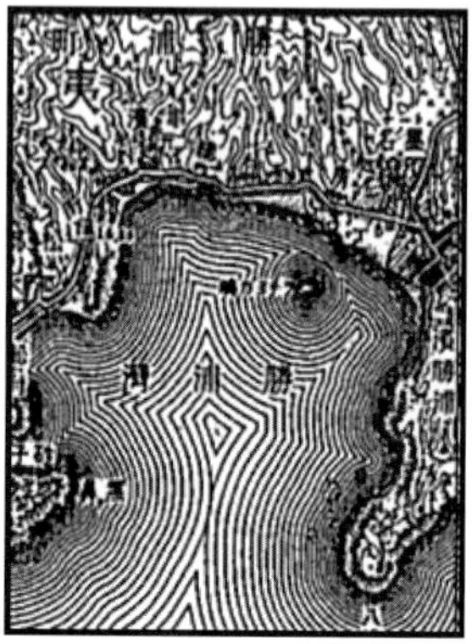

35 交通部觀光局東北角暨宜蘭海岸國家風景區管理處（2014.2.22）http://www.necoast-nsa.gov.tw/user/Article.aspx?Lang=1&SNo=03000427

36 日本ひじき協議會http://www.hijiki.org/（2014.2.22）

Chapter 2

台灣地理環境

台灣位於亞洲大陸東南側，太平洋西邊，正好位於歐亞大陸板塊東緣與菲律賓海洋板塊的銜接處（圖2-1）。全台面積爲35,828平方公里，南北長394公里，南北狹長，東西窄東西最長距離144km；衛星圖上東邊多高山南北走向綿延佔據大半的台灣約330公里，城市分散於花東縱谷小沖刷平原。西邊則有一望無際的廣大的平原，城市多遍布於此；形狀如甘薯（圖2-2）。東邊及東北邊與日本與那國島距離約110km及琉球諸島相鄰，西邊隔著台灣海峽與中國遙望，在南端則與菲律賓隔著巴士海峽。

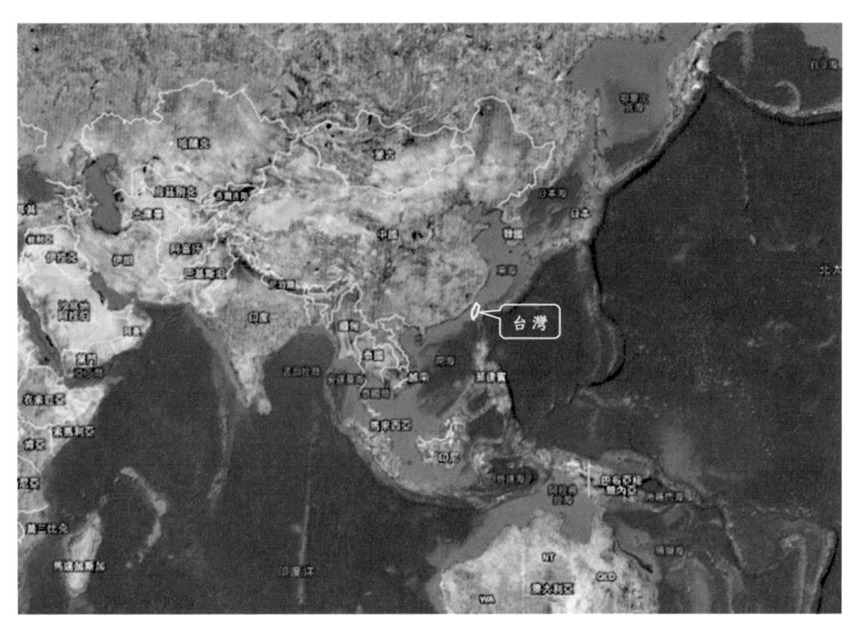

圖2-1　**台灣位置圖**

底圖擷取自GoogleMap (2014.2.20)

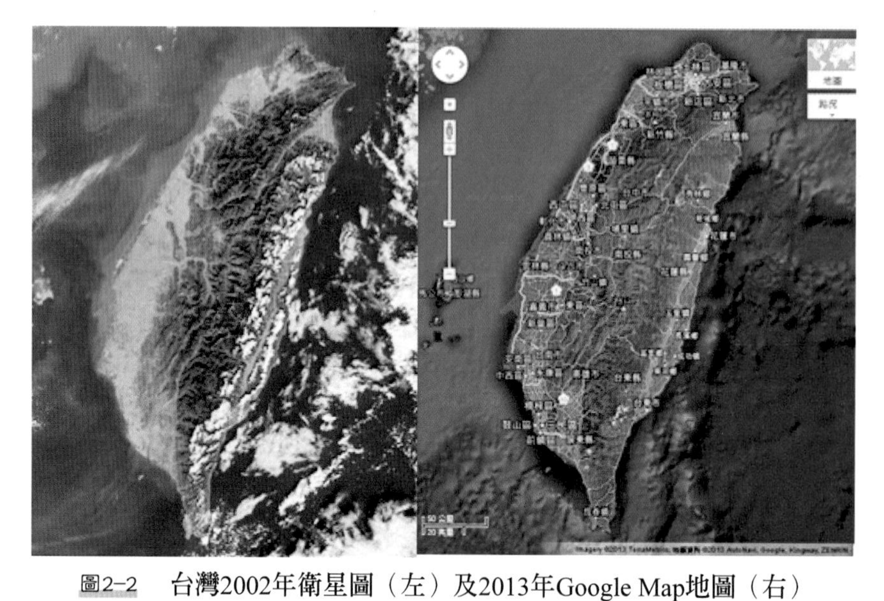

圖2-2　台灣2002年衛星圖（左）及2013年Google Map地圖（右）

來源：http://upload.wikimedia.org/wikipedia/commons/3/38/Taiwan_NASA_Terra_MODIS_23791.jpg（2002）

第一節　台灣的自然環境

台灣島形成於白堊紀到曉新世[1]，地勢東高西低，地形主要以山地、丘陵、盆地、台地、平原爲主體。山地、丘陵約佔全島總面積的三分之二。造成可耕地面積不到三成。受地殼擠壓而抬

1　國立自然科學博物館／數位典藏國家型科技計畫（2014.2.22）
http://digimuse.nmns.edu.tw/da/collections/gg/rm/ex/0b00000181e3419a/

升形成的山脈，南北縱貫全台，其中以中央山脈爲主體；從北部的蘇澳南至鵝鑾鼻貫穿全島，背骨式的存在成爲東西向河川的分水嶺。與其他四座主要山脈玉山山脈、雪山山脈、阿里山山脈、海岸山脈占據了台灣島近半的面積（圖2-1-1），地勢高峻陡峭；最高峰玉山（照片2-1-1）海拔約3,950公尺位於玉山山脈，全島高山海拔3,000公尺以上的高達258座[2]（另，維基百科網路稱268座）。

照片2-1-1　玉山

註：Mount Yu Shan - Taiwan 由 Kailing3。使用來自 維基共享資源。

2　http://club.ntu.edu.tw/~mtclub/database/3000r.htm (2013.5.27)

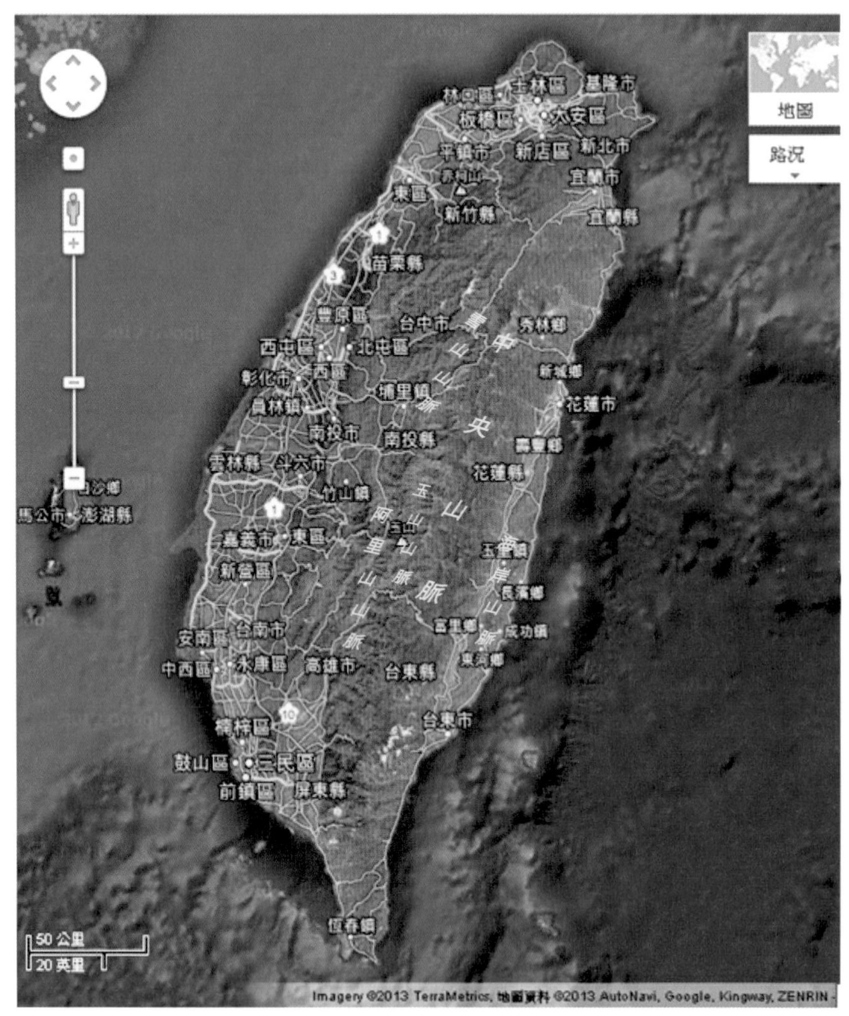

圖2-1-1　主要山脈分佈示意圖

底圖擷取自GoogleMap（2014.1.31）

台灣位處環太平洋火山帶，也有火山分布：主要是在北部基隆的大屯火山群、東部海岸山脈火山群，但目前並無顯著的火山活動。屬於地質作用頻繁的活動地帶，史上曾歷經無數次的地殼變動。受造山運動作用，以及風化、侵蝕、堆積等作用，使得台灣高山縱橫、山谷密布，三千公尺以上高山超過一百座，大小河川120條以上，具有高山、海岸、平原、台地、丘陵、盆地等地形，並形成火山、泥火山、火炎山、泥岩、島嶼等各種特殊的景觀[3]。與日本同爲地震活動頻繁地區、也同屬火山帶，因此溫泉相當豐富。介於歐亞板塊與菲律賓海板塊之間的易碰撞影響的不穩定性造成台灣複雜的地質構造；震驚全世界的芮氏規模7.3地震發生在1999年9月21日的台灣，俗稱921集集大地震；因車籠埔斷層的錯動，在地表造成長達85公里的破裂帶[4]即爲一例。

丘陵地位於山地與平原之間，多分布在桃、竹、苗及恆春半島。平原則綿延於西南海岸及東部山脈谷地之間。丘陵地與平原約佔台灣地形3成。位於西南部的嘉南平原是面積最大的平原，其他平原地形爲：彰化平原、蘭陽平原、屏東平原、花東縱谷。另有台地地形：林口台地、桃園台地、大肚台地、八卦台地等。盆地地形則爲：台北盆地、台中盆地及埔里盆地。

3 行政院農委會特有生物研究保育中心：http://cec.tesri.gov.tw/cec/index.php?option=com_content&view=article&id=64&Itemid=200

4 國立自然科學博物館 自然科學教育園區管理中心921地震教育園區（2014.2.22）http://www.921emt.edu.tw/content/exhibitions/exhibitions01_02.aspx

台灣上大大小小河川總數129條，其中長度超過100公里的有濁水溪、高屏溪、淡水河、大甲溪、曾文溪及大肚溪六條（圖2-1-2）。

位於中部的濁水溪最長，長達187公里，流經彰化縣、雲林縣、南投縣及嘉義縣等四個縣市；而位於南部的高屏溪則是流域面積最大的3,257平方公里，流經高雄市、屏東縣、嘉義縣及南投縣等四個縣市。其他主要河川依序爲基隆河、鳳山溪、大安溪、八掌溪、秀姑巒溪、蘭陽溪等。

氣候上年平均降雨量在2,500公釐，但因季節、場所及標高上的差異，南北差異也很大。因爲降雨集中夏季，因此雖有豐富雨量卻常見缺水問題。除了南部常見的午後雷陣雨外，尤其近年颱風帶來的雨量超出尋常，所釀成的洪水、土石流災害等，都是台灣急需解決的課題。冬季河川缺水嚴重，河床乾涸露出地表，這也是河川運輸無法發展之主因。北部地區的淡水河、基隆河及大漢溪則因冬季也有豐沛的雨量，因此能在清朝統治時期發展出重要的水上運輸系統。

天然湖泊不多，最大的是日月潭面積只有4平方公里。反之，因水壩的建設造就了很多的人工湖泊，例如虎頭埤、曾文水庫、烏山頭水庫及石門水庫等都很知名。

北回歸線經過台灣在嘉義縣水上鄉及花蓮縣瑞穗鄉，並都設有北回歸線紀念碑。回歸線以北爲亞熱帶氣候，以南則爲熱帶季風氣候。最南端的恆春顧名思義是永久的春天，連冬季平均溫度都超過攝氏20度。除了山區，從高雄到台東以南在柯本氣候上屬於熱帶季風區域。北部地區的冬天降雨量遠多於南部地區，

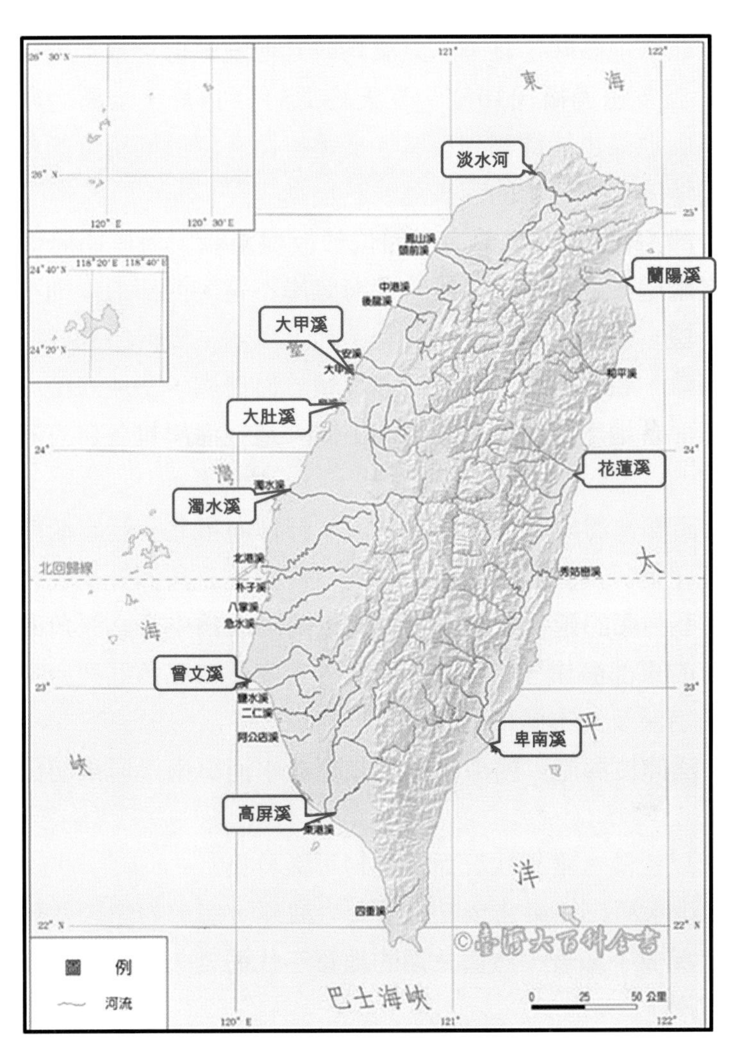

圖2-1-2　台灣主要河流分布

底圖擷取自：文化部台灣大百科全書（2014.2.1）http://taiwanpedia.culture.tw/web/content?ID=1474&Keyword=%E5%8D%97%E6%B5%B7#

此外，北部地區除了夏季，氣溫均較其他地區低；南部則除了冬季外氣溫多超過攝氏30度。夏天約從5月到9月，全島均非常炎熱。高山地區也能觀測到積雪。上述特徵有別於同緯度的熱帶雨林氣候地區，如日本的西表島或石垣島。

台灣海岸概況[5]東部海岸因位於板塊邊緣，海岸山脈面海而多懸崖峭壁，海底坡降陡峻，深海離岸不遠。西部海岸則多平原坡度平緩，海灘坡度也較爲緩和；加上島內主要河川均西向流入台灣海峽，順流夾帶之大量泥砂堆積於河口處，造成海灘向外延伸。然而各地地質、地形屬性的不同，造成海岸也各自有其特殊性。如：

1.衝擊性海岸：以新北市金山、野柳向東北，至宜蘭縣頭城以北及花蓮以南至屏東縣枋山除河口沖積性三角洲外均屬之；

2.不明顯的延伸性海岸：宜蘭以蘭陽溪爲中心之三角洲，蘇澳往南的東部海岸，花蓮的花蓮溪、吉安溪口三角洲與台東卑南溪、利嘉溪及知本溪口的沖積型三角洲等；

3.延伸性海岸：西部海岸，北起淡水河口南迄屏東枋山均屬之。

若以侵蝕、堆積狀況而言，約可區分爲：

1.淡水河口往東北至三紹嶺間之海岸，屬於岩岸因此侵蝕、堆積狀況並不顯著，然而長期的地質年代而言，當然也是屬於侵蝕性海岸。

5 經濟部水利署：http://www.wra.gov.tw/ct.asp?xItem =12592&CtNode=3133

2.東海岸爲逐漸被侵蝕之海岸，其原因包括直接面臨深海，又有板塊擠壓的活動之助力，更增加其被侵蝕性。

3.西部自淡水河口至大甲溪口爲漸被侵蝕之海岸；大甲溪口以南至二仁溪口之中西部海岸爲內灘繼續淤高，外灘漸被侵蝕的狀況；二仁溪口以南至台灣尾端爲侵蝕較劇烈之海岸（詳表2-1）。

近年，由於近海地區各種經濟活動的活絡，土地利用進展快速加速了海岸的侵蝕。如海埔新生地的開發利用、築港及各種人工海岸構造物的設置，凡此均改變了沿岸泥砂移動的條件，造成相鄰海岸的失衡，甚至導致海岸侵蝕情況惡化，海灘消失。

表2-1-1　台灣本島海岸概況（修改自：經濟部水利署）

海岸別	縣市別	海岸長度（公里）	境內重要河川水系	海岸類型	侵蝕、堆積狀況
宜蘭海岸	宜蘭縣	106	蘭陽溪、和平溪	岩岸：石城以北 砂岸：石城以南	侵蝕、堆積均具
台北海岸	基隆市	18	淡水河	岩岸：淡水河口以東	變化不明顯
	新北市	122	淡水河	砂岸：淡水河口以南	侵蝕多
桃園海岸	桃園縣	39	淡水河	砂岸	侵蝕、堆積均具
新竹海岸	新竹縣	12	鳳山溪、頭前溪	砂岸	侵蝕、堆積均具
	新竹市	17	頭前溪		
苗栗海岸	苗栗縣	50	中港溪、後龍溪、大安溪	砂岸	侵蝕、堆積均具

（接下頁）

海岸別	縣市別	海岸長度（公里）	境內重要河川水系	海岸類型	侵蝕、堆積狀況
台中海岸	台中市	41	大安溪、大甲溪、烏溪	砂岸	堆積
彰化海岸	彰化縣	61	烏溪、濁水溪	砂岸	大部分堆積小部分地盤下陷
雲林海岸	雲林縣	55	濁水溪、北港溪	砂岸	由堆積轉爲侵蝕
嘉義海岸	嘉義縣	41	北港溪、朴子溪、八掌溪	砂岸	由堆積轉爲侵蝕
台南海岸	台南市	54	八掌溪、急水溪、曾文溪、鹽水溪、二仁溪	砂岸	侵蝕多
	台南市	23	曾文溪、鹽水溪、二仁溪		
高雄海岸	高雄市	37	二仁溪、阿公店溪、高屏溪	砂岸	侵蝕
	高雄市	26	—		侵蝕多
屏東海岸	屏東縣	152	高屏溪、東港溪、四重溪	珊瑚礁：鵝鑾鼻段 砂岸：其餘各段	枋山以南：變化不明顯 其餘各段：侵蝕

（接下頁）

海岸別	縣市別	海岸長度（公里）	境內重要河川水系	海岸類型	侵蝕、堆積狀況
台東海岸	台東縣	172	卑南溪、秀姑巒溪	砂岸：成功以南 岩岸：成功以北	侵蝕
花蓮海岸	花蓮縣	175	秀姑巒溪、花蓮溪、和平溪	砂岸：新城至花蓮溪口 岩岸：其餘各段	侵蝕

整體而言，從台灣的衛星照片（見圖2-2）上看東部多山，西部平原分布較廣闊。西部海岸（砂岸）：砂灘、砂洲、潟湖多，屬於單調的海岸線。東部海岸（岩岸）：地勢高聳平地少。北部海岸（岩岸）：由彎曲的海岸線所構成。南部海岸（岩岸）：由珊瑚礁岩所形成的海岸線。

針對台灣自然生態的保護，所劃設的六大區域，其面積如表2-1-2所示：

1.國家公園區：台灣自1961年開始推動國家公園與自然保育工作，成立墾丁國家公園。總計有玉山、陽明山、太魯閣、雪霸、金門、東沙環礁與台江共計8座國家公園；為有效執行國家公園經營管理之任務，於內政部營建署轄下成立國家公園管理處，以維護國家資產[6]。1972年制定「國家公園法」。2010年12月修訂：第一條　為保護國家特有之自然風景、野生物及史蹟，

6　台灣國家自然公園網站（2014.1.8）http://np.cpami.gov.tw/chinese/index.php?option=com_content&view=article&id=1&Itemid=128&gp=1

並供國民之育樂及研究，特制定本法[7]。

2.自然保留區：1982年，政府公布的「文化資產保存法」，將「自然文化景觀」依特性分爲生態保育區、自然保留區及珍貴稀有動、植物等三種類型。其中「自然保留區（nature reserve）」是指具有代表性的生態體系，或獨特地形、地質意義，具有基因保存、永久觀察、教育研究價值及珍稀動、植物之區域。文化資產保存法中明定，在自然保留區內禁止改變或破壞其原有之自然狀態。從1986年至今，台灣共成立了22個自然保留區[8]。

3.野生動物保護區：依據1989年公布的《野生動物保育法》所劃設成立的。《野生動物保育法》第一條「爲保育野生動物，維護物種多樣性，與自然生態之平衡……[9]」，而野生動物保護區是台灣以保育野生動物爲目的所劃設的保護區，至2014年1月爲止，由農委會核定、各縣市政府公告的「野生動物保護區」有19個。主管機關：在中央爲行政院農業委員會；在直轄市爲直轄市政府；在縣（市）爲縣（市）政府[10]。

7 內政部營建署網站（2014.1.8）http://www.cpami.gov.tw/chinese/index.php?option=com_content&view=article&id=10630&Itemid=57

8 http://econgisdw.forest.gov.tw/Download/book/1/3_%E8%87%AA%E7%84%B6%E4%BF%9D%E7%95%99%E5%8D%80.pdf (2014.1.8)

9 全國法規資料庫（2014.2.22）http://law.moj.gov.tw/LawClass/LawAll.aspx?PCode=M0120001%E2%80%8E

10 行政院農委會林務局自然保育網（2014.2.22）http://conservation.forest.gov.tw/lp.asp?CtNode=178&CtUnit=124&BaseDSD=7&mp=10

4.野生動物重要棲息環境：野生動物保護區及野生動物重要棲息環境都是台灣以保育野生動物為目的所劃設的保護區，都是依據1989年公布的《野生動物保育法》所劃設成立的。然而，在程序、限制上有些差異。在劃設程序上，野生動物重要棲息環境為中央主管機關公告後，再經縣市主管機關通知土地所有人等，並沒有後續相關的永續管理計畫或規劃，為一種消極的棲地環境保護措施。至2014年1月為止，由農委會核定、各縣市政府公告的「野生動物重要棲息環境」共有36個，約佔全台灣面積的9.74%[11]。

5.國有林自然保護區：台灣森林約佔台灣全部面積的六成，「國有林自然保護區」在保護國有森林內各種不同代表性生態體系及稀有動植物。台灣有八成的國有森林地由行政院農委會林務局管理，在森林地內劃設保護區，主要根據林務局1976年所提《台灣林業經營改革方案》第13條：「發展國有林地多種用途，建設自然生態保護區及森林遊樂區，保存天然景物之完整及珍貴動植物之繁衍，以供科學研究，教育及增進國民康樂之用。」台灣林業發展歷史悠久，從日治時期即建立完整制度，戰後由林務局接手管理。1965年加入自然保育工作；從1974年設

11 行政院農委會林務局自然保育網（2014.2.22）http://conservation.forest.gov.tw/lp.asp?CtNode=176&CtUnit=122&BaseDSD=7&mp=10
內政部營建署台灣國家公園（2014.2.22）http://np.cpami.gov.tw/campaign2009/index.php?option=com_content&view=article&id=1087:2009-07-22-17-36-44&catid=12:2009-06-22-03-38-44&Itemid=43

立第一個國有林自然保護區：「出雲山自然保留區」，至1992年止，林務局所設立之國有林自然保護（留）區共35處，佔全台森林面積之9%。後因精省作業，將各保護區域重新檢討定位，以及《文化資產法》和《野生動物保育法》陸續公佈實行，其中大多數國有林自然保護（留）區轉而被指定爲「自然保留區」或「野生動物重要棲息環境」[12]，截至2014年爲止，尙存6個國有林自然保護區，約佔全台灣面積的0.59%。

6.國家自然公園[13]：2011年12月成立壽山國家自然公園，依據資源特性及土地使用現況等，將園區劃分五大分區爲「生態保育區域」、「特別景觀區域」、「古蹟保存區域」、「遊憩區域」及「一般管制區域」，另有軍事管制區及非軍事管制[14]，分別訂定保護利用管制計畫及發展方針，以確保園區內的史蹟及自然資源得以永續保存與發展，並成立專責單位—壽山國家自然公園籌備處，進行經營管理及服務民衆。範圍涵蓋壽山、半屏山、旗後山、龜山、左營舊城與打狗英國領事館，面積1,123公頃。地質主要是隆起珊瑚礁石灰岩，台灣獼猴爲主要野生動物。

12 台灣國家公園網站（2014.1.8）http://np.cpami.gov.tw/chinese/index.php?option=com_content&view=article&id=1089:2009-07-22-17-37-31&catid=12:2009-06-22-03-38-44&Itemid=43

13 壽山國家自然公園籌備處網站（2014.1.8）http://snnp.cpami.gov.tw/chinese/http://snnp.cpami.gov.tw/chinese/index.php?option=com_content&view=article&id=592&Itemid=195

14 http://www.nsysu.edu.tw/files/14-1000-55618,r1233-1.php (2014.1.8)

表2-1-2　台灣自然保護區域面積統計表

最新更新日期：2014/01/02

類別	自然保留區	野生動物保護區	野生動物重要棲息環境	國家公園	國家自然公園	自然保護區	總　計
個數	22	19	36	8	1	6	92
面積（公頃）	總計：65,493.99 陸域：65,376.81 海域：117.18	總計：27,124.72 陸域：26,828.84 海域：295.88	總計：325,966.17 陸域：325,670.29 海域：295.88	總計：715,782.18 陸域：312,672.11 海域：403,110.07	1,122.65	21,171.43	總計：1,156,661.14 陸域：752,842.13 海域：403,819.02 扣除範圍重複部分後之總面積：1,099,902.52 陸域：696,379.39 海域：403,523.13

參考來源：行政院農委會自然保育網（2014.1.8）http://conservation.forest.gov.tw/ct.asp?xItem=3012&CtNode=758&mp=10

第二節　台灣的人文環境

台灣本島面積35,828平方公里。2014年1月底人口數為23,377,515人[15]（含外島）；主要都市五都人口各為：台北市約269萬人，高雄市約278萬人，新北市約395萬人，台中市約270萬人，台南市約188萬人（內政部戶政司[16]）。教育程度上15歲以上人口識字率（見圖2-2-1）近10年來始終在96%以上；從中

15 內政部（2014.2.11）http://www.moi.gov.tw/stat/month.aspx

16 同上

華名國統計資訊網[17]上統計資料顯示1998年高中職程度的人口比率均在31%～34%之間，而國中及以下程度之人口則從1998年的百分之45.85到2012年降至百分之29.32，反之大專及其以上程度之人口則從1998年的百分之21.17到2012年提升百分之38.99（見圖2-2-2），顯示台灣人非常重視教育，且教育程度也是非常高的。就業者之行業結構顯示第一級產業的農林魚牧人口從1998年起逐年降低，從事工業方面的勞動人口則在1998年到2013年的比例穩定在百分之35-38之間。第三級服務業的從事人口則維持在人口的半數以上而有微幅的增加趨勢（見圖2-2-3）。

台灣目前總人口約2,337萬人（2014年1月統計），可分為四大族群：台灣原住民族（約2.3%）、閩南人（約70%）、客家人（約17.7%）、外省人（約10%）。台灣原住民與廣泛分布的南島語族關係密切，根據「台灣血液之母」林媽利教授關於台灣人血液成分之研究，台灣原住民的祖先是在1萬5000年前冰河時期結束之前，從東南亞島嶼等地遷徙至台灣，90%以上的閩南人與客家人族群有古代百越族血統，「越族」（分布於中國大陸東南沿海及今越南北部）不是純北方漢人的後代，反倒與東南亞較相近。所以台灣人可說是東亞大陸／中南半島、原住民及東南亞島嶼等地區人種混血的結果（林媽利，2010）。

17 http://ebas1.ebas.gov.tw/pxweb/Dialog/statfile9.asp

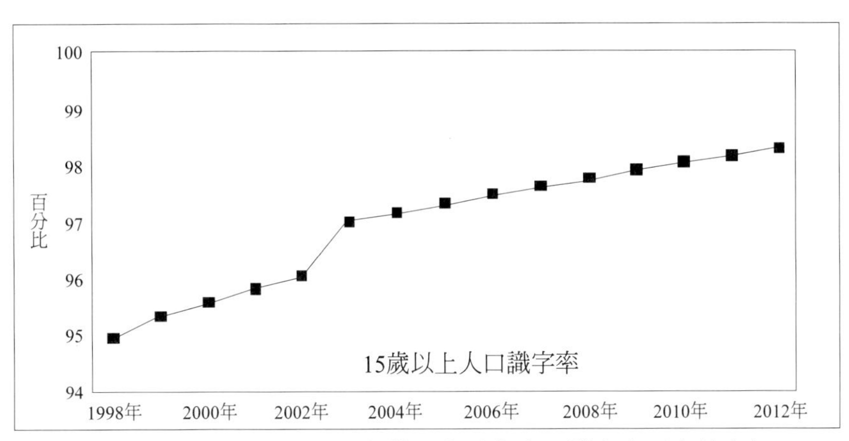

圖2-2-1　1998～2012年台灣15歲以上人口識字率（含外島）

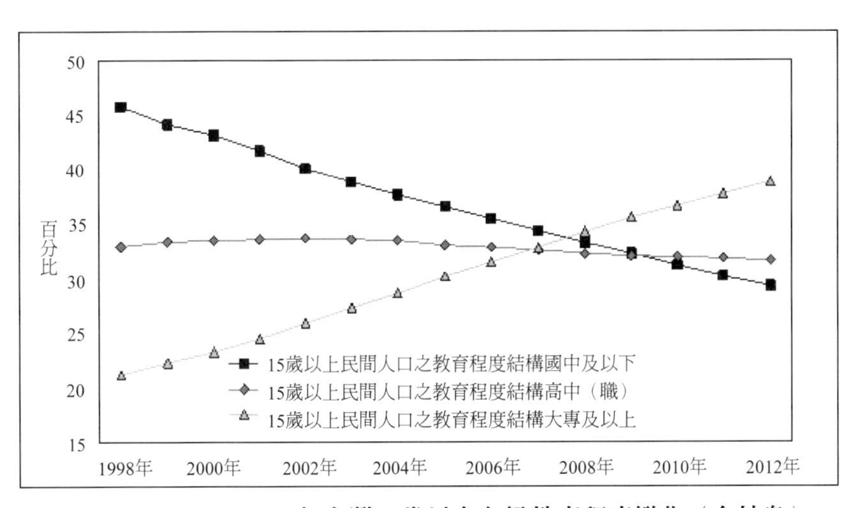

圖2-2-2　1998～2012年台灣15歲以上各級教育程度變化（含外島）

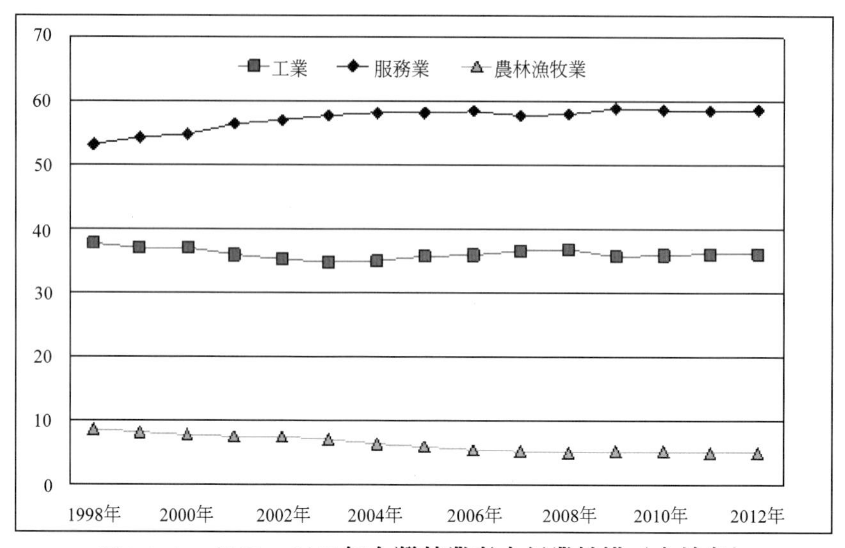

圖2-2-3　1998～2012年台灣就業者之行業結構（含外島）

歷年來對台灣的稱呼

台灣素來有「福爾摩沙」之稱，至今以歐美洲國家爲主；仍有以「福爾摩沙」之名稱呼台灣。「福爾摩沙」（Formosa）是葡萄牙的發音，於16世紀初荷蘭人發現台灣島；島上繁茂景象驚爲「Ilha Formosa美麗之島」。一部份的學者堅持過去文獻的記載中所提「東鯷」或「夷洲」也是指台灣島[18]。現今的台灣人將「福爾摩沙」視爲「台灣」者衆，作者本人爲其中之一；習慣以formosa做爲電子信箱之名稱與國外朋友通訊。

18 http://ja.wikipedia.org/wiki/台湾（2014.2.3）

「臺灣」的稱呼由來甚多，有文獻記載者於明朝以後開始：台灣早期被稱爲「雞籠山」、「雞籠」、「北港」、「東蕃」及「台員」而跟「台員」同音異字的有「大灣」、「大宛」與「台灣」等。「台灣」一辭係源自平埔族西拉雅語「Taian」或「Ta-ayan」意爲對外來者的稱呼[19]。「台員」一辭開始於15～16世紀的「東蕃記」（周嬰著）[20]。台灣在1895年至1945年由當時的日本帝國統治，稱爲日本時代、日治時期、日據時代、日本統治時期或是日本殖民統治時期。1987年教育部曾經統一稱爲日治時期；2013年7月18日馬英九總統出席退伍軍人協會紀念抗戰76年會員代表大會…。提及教育部教科書審定委員會日前審查民間出版的教科書，認爲不該用「日據」時期，而應用「日治」時期引發爭議。馬英九總統說「從小到大都用『日據』，但也不反對有人要用『日治』，中間應可容許有討論的空間，不宜硬性規定哪一個不准用」。[21]」另因，「甲午戰爭大清帝國慘敗，1895年〈清光緒21年〉4月17日清國的代表李鴻章在日本下關〈馬關〉與日本代表伊藤博文簽下『馬關條約』，將台灣全島及其附屬

19 教育部數位教學資源入口網站（2014.1.31）http://content.edu.tw/junior/co_tw/ch_yl/city/citaiwan.htm

20 臺灣於古無考，惟明季莆田周嬰著《遠遊編》載《東番記》一篇，稱臺灣為「臺員」，蓋閩音也，然以為古探國，疑非是。（2014.1.31）http://zh.wikisource.org/zh-hant/%E8%87%BA%E7%81%A3%E9%9A%A8%E7%AD%86

21 蘋果日報電子版（2014.1.8）http://www.appledaily.com.tw/realtimenews/article/new/20130718/227152/

島嶼以及澎湖列島『永遠讓與日本』。[22]」再者，驚見中時電子報「熱門話題－還原台灣史實傳承尊嚴」中所稱「『1895年，台灣台北城的繁榮進步，勝過當時的日本東京。』日本殖民之前，台灣是全中國最富庶的一省，也比日本富裕』[23]」，這與作者常往原住民（排灣、魯凱、布農、韃物）做田調時的訪查所稱略同。因此儘管2013.7.20報稱馬英九總統在日本統治時期定調使用「日據」[24]稱呼。本文還是本著學術良知忠於歷史，而均以「日治時期」稱呼。日本則在1895年到1945年長達50年的統治期間，稱呼台灣爲**高山国**（こうざんこく—讀音kouzankoku）或**高砂**（たかさご—讀音takasago）、**高砂国**（たかさごこく—讀音takasagokoku）。

台灣島的發展

表2-2-1所示，史前時期—台灣在舊石器時代晚期（50,000年前～10,000年前）已開始有人類居住。「台灣通史序」中作者連横開宗明義及指出「**臺灣固無史也。荷人啓之，鄭氏作之，清代營之，開物成務，以立我丕基，至於今三百有餘年矣。**」中國與台灣的接觸則始於11世紀的澎湖群島。與台灣島則在17世紀初有貿易上的往來。荷蘭人在台灣發展貿易，並以台灣作爲轉口

22 http://192.192.159.187/9taiwan/c0501.htm (2014.1.8)

23 中時電子報（2014.1.8）http://news.chinatimes.com/forum/110514/112013080700455.html

24 自由時報電子報（2014.1.8）http://www.libertytimes.com.tw/2013/new/jul/20/today-life3.htm

站，台灣成為明朝、日本、南洋、歐洲等地的貨物集散中心。

清治時期的213年，大部分時間朝「臺灣僅彈丸之地，得之無所加，不得無所損」、「徙其人而空其地」、「為防臺而治臺」的消極態度，嚴禁閩粵漢人無照移民臺灣。也因此台灣曾有「男盜女娼、化外之地」之諺語。在19世紀末期，1875年以後，廢除1684年所頒佈之渡臺禁令，積極推動近代化建設。1895年「甲午戰爭」，清廷戰敗向日本求和。因「台灣，鳥不語，花不香，男無情，女無義，瘴癘之地，割之可也」與日本簽定「馬關條約」割讓「臺灣全島及所有附屬各島嶼」給日本。

日治時期1919年後，台灣總督可由文官擔任，認為台灣人「貪財、怕死、好面子」，施行同化懷柔的策略治理台灣。公共事業在加強衛生體制、戶政、地政、度量衡統一、電信、交通及農田水利上的積極推動，使台灣成為富庶的「米糖王國」。改農曆為西曆，在街頭放置時鐘，培養台灣人的守時觀念。推行都市計劃，對後來臺灣城市的營建影響深遠。1930年代「皇民化」、「工業化」及「南進基地化」等三大政策；使日治中期蓬勃開展的社會與文藝活動也逐漸停擺。1944年10月起，美軍開始轟炸臺灣，1945年8月15日，日本宣布無條件投降；10月25日，末任臺灣總督安藤利吉在台北公會堂簽署降約，日本在臺灣的統治宣告結束。

1945年中華民國政府派何應欽為代表由美國手中接收並開始統治台灣，1949年底，中國共產黨在大陸宣告成立中華人民共和國，中華民國政府撤至台灣。1947年228事件爆發，1948年到1949年，國民政府在台灣展開了大規模逮捕槍決學生的行動，該事件被稱為四六事件。1950年代「白色恐怖」揭開政治高壓的序幕，並埋下後來族群對立態勢與台灣獨立運動的種子；1987年7月15日零時，台灣本土和澎湖地區解除戒嚴（不含金門、馬祖等外島），全面恢復憲法條文實施，黨禁、報禁相繼解除。2000年3月18日由民進黨提名的陳水扁及呂秀蓮當選中華民國第10任正、副總統，是台灣總統選舉第一次政黨輪替；2008年3月22日第二次政黨輪替迄今。

台灣的農業發展

台灣的農業從史前時期的「混沌期」—明鄭時期+清朝的以貿易為主的農業「開發期」—日本統治時期的「開花結果黃金期[25]」—第二次世界大戰的「戰爭破壞期」—戰後中華民國統治下的1945～1952年「重整回復期」—1953～1972年「快速發展期」—1973～1978年逐漸工商業為主的農業「停滯期」—1979～1985年產業升級轉型期—1986～2001年農業現代化調整期—2002年以後WTO適應（表2-2-2）。

日治時期1899年日本在台北成立農事試驗場，1903年成立中央農業研究所，並於各地設立農試單位推廣新技術。1901年，日本農經專家新渡戶稻造來台就任糖務局長，提出「糖業改良意見書」改進蔗作生產和推動製糖工業。1919年的農業台灣政策實施，水利建設等均讓台灣的農業發展有最良善的基礎。

25 高雄市議會（2014.2.4）http://online.kcc.gov.tw/ct.asp?xItem=8238&ctNode=743&mp=99

1925年，「蓬萊米之父」磯永吉教授利用台灣秈型稻（在來米）成功改良成口感較佳的秈型稻（蓬萊米）。1930年八田與一至今仍膾炙人口的嘉南大圳（官佃溪埤圳）與烏山頭水庫（當時東南亞最大）的興建（圖2-2-4），讓嘉南平原水田大幅增加30倍（原5000公頃水田，增加爲15萬公頃），而在4年後稻獲量亦增加爲4倍（黃有才，2011）。

行政院農業委員會（2003）1951年臺灣農業生產恢復到戰前最高水準；1945年第二次世界大戰後，台灣當局針對農地及地政上有一連串的作爲。表2-2-3從1951年耕地三七五減租條例[26]、1951～1976年分九期實施先辦理公地放領藉以扶植自耕農[27]、1953～1993年耕者有其田條例及1954年平均地權條例等，一系列的施策其目的均旨在將農用土地重新分配及照顧弱勢農民。固然這些政策有正面評價，如日本學者若林正丈它對後來所謂「台灣經濟奇蹟」具有先驅影響。當然也不乏負面說法；其影響則有多位學者專家指出此舉將造成農地細分化，人口增加的結果，農民反而身陷貧困漩渦[28]。再者爲加速農業現代化，促進農業生產，增加農民所得，提高農民生活水準於1973年制

26 內政部地政司全球資訊網（2014.2.4）http://www.land.moi.gov.tw/law/CHhtml/lawcontext.asp?lcid=127

27 同上23 http://www.land.moi.gov.tw/pda/content.asp?cid=84&mcid=60

28 http://km.moc.gov.tw/myphoto/show.asp?categoryid=71

訂農業發展條例[29]、1977年平均地權條例施行細則[30]、1980年農地重劃條例[31]、1982年農地重劃條例施行細則[32]等。其後，依據【台灣農村陣線聲明稿[33]】於2011年發表的內容「……農舍胡亂開發之亂象始於2000年《農業發展條例》之修法，不僅開放農地自由買賣，規定興建農舍之農地面積至少需0.25公頃（756.25坪），參加集村興建農舍及於離島地區興建農舍者甚至無此限制。若在修法前（2000年）取得或擁有農地者，也不受0.25公頃面積限制，因此目前許多農舍的農地面積皆少於0.25公頃。」及「……宜蘭、花蓮、新竹、南投、高雄等地區之優良農地迅速出現許多豪華農舍，許多交通設施方便之特定農業區，更是大規模出現個別農舍及建商興建的集村農舍。豪華農舍的浮濫開發，不但蠶食農地，所製造的生活污水與日照陰影等等，不利鄰田農作生長。但在豪華農舍如雨後春筍出現的同時，一方面造成農地細碎化，同時造成農地價格飆漲，致使許多實際從事農業經營的小農，無法以合理價格取得農地，滿足農業生產需求。長此以往，不利台灣永續發展。」。農運人士痛批為「滅農條例」、

29 行政院農業委員會農地法規檢索（2014.2.4）http://talis.coa.gov.tw/alris/LawDetail_History.asp?tID=1

30 內政部地政司全球資訊網（2014.2.4）http://www.land.moi.gov.tw/law/pda/lawcontext.asp?lcid=30

31 同上27 http://www.land.moi.gov.tw/law/chhtml/lawcontext.asp?lcid=190

32 同上27 http://www.land.moi.gov.tw/law/chhtml/lawcontext.asp?lcid=191

33 台灣農村陣線（2014.2.4）http://www.taiwanruralfront.org/node/266

「農村再見條例[34]」的「農村再生條例」在2010年制訂，隔年推出「農村再生條例施行細則[35]」。儘管有不同聲音，政策上卻是爲農民的福祉、農地的保護及維護農民權力盡心盡力。

然而，台灣的糧食自給率在1968年以前都超過100%[36]，1970年的53.8%[37]，自1965年開始逐年下降2012年只剩下32.7%[38]，卻是不爭的事實。按前章所述，聯合國農糧組織（FAO）的說法，台灣屬於嚴重被影響的仰賴糧食進口的國家；然而，依照目前的政府政策之執行力與相關業者的投機取巧、短視近利的性格，可以合理推斷台灣未來的糧食自給率恐怕將比學者急呼「糧食危機[39]」「全面迎戰刻不容緩[40]」來的嚴峻。這正也是作者希望能拋磚引玉，保護環境、農地及農村地景實現「里山倡議」中「自然共生社會」的終極目標。

34 http://www.coolloud.org.tw/node/32434 (2014.2.4)

35 行政院農業委員會（2014.2.4）http://law.coa.gov.tw/glrsnewsout/LawContent.aspx?id=GL000263

36 行政院國家科學委員會：糧食危機蠢蠢欲動學者呼籲全面迎戰刻不容緩（2014.2.4）http://www.nsc.gov.tw/scitechvista/zh-tw/Feature/C/0/13/10/1/456.htm

37 http://waterday.e-info.org.tw/index.php/wateract/healthdietfoodsecurity/44-1-202040 (2014.2.4)

38 行政院農業委員會農業統計資料（2014.2.4）http://agrstat.coa.gov.tw/sdweb/public/indicator/Indicator.aspx

39 http://www.nsc.gov.tw/scitechvista/zh-tw/Feature/C/0/1/10/1/457.htm

40 同上34

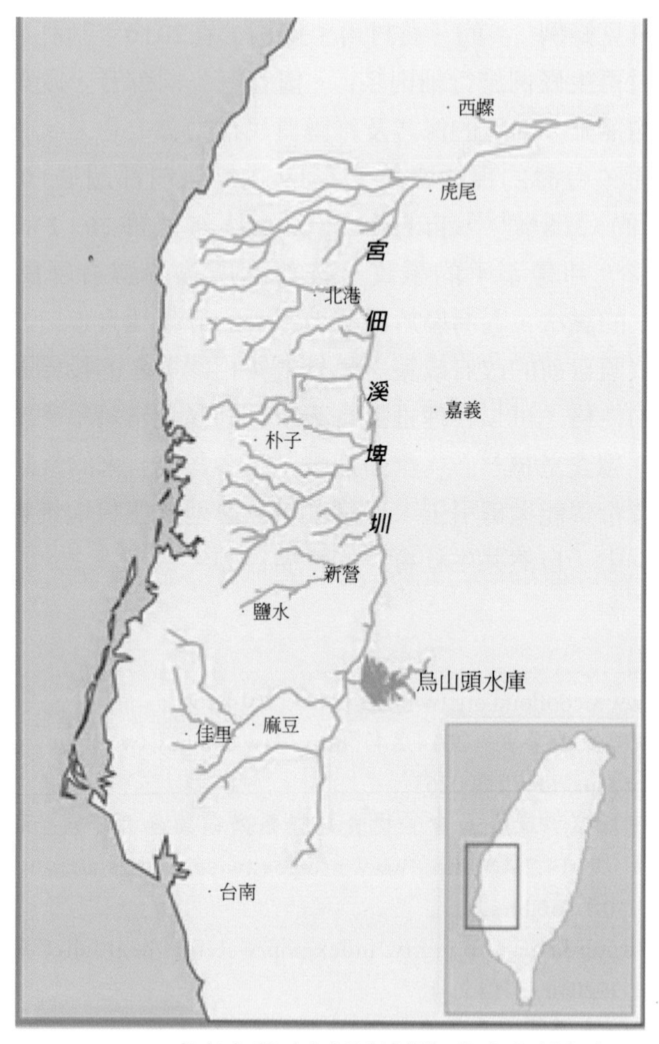

圖2-2-4 嘉南大圳（官佃溪埤圳）與烏山頭水庫

底圖擷取自（2014.2.2）http://upload.wikimedia.org/wikipedia/commons/c/c9/Jianan_Dazun_Map.svg

表2-2-1　台灣歷史發展

~1624	1624~1662	1661~1683	1683~1895	1895~1945	1945~1987~2000~2014
史前時期	1626~1642 **西治時期** 1624~1662 **荷治時期**	**明鄭時期**	**清治時期**	**日治時期**	**中華民國**
南島民族與原住民	1630年代大肚王國	鄭氏家族的天下	消極治台時期，僅在19世紀中期以後較積極；台灣被譏爲「男盜女娼、化外之地」	台灣民主國（1895.6.17~10.19）建國不到四個月即潰散。台灣成爲日本的南進基地、現代化設備的實驗場、「農業臺灣，工業日本」、1908年縱貫鐵路全線貫通。	武力反攻大陸的基地 1947年228事件 1970年代經濟起飛1987解除戒嚴 1996年民選正副總統 2000～2008民進黨執政 2008～2016國民黨執政

參考來源（2014.2.22）

http://zh.wikipedia.org/wiki/台灣歷史

墾丁國家公園管理處恆春「古往今昔」http://210.69.44.13/ktnpeevr/ohcw/06listc.html

http://usmgtcg.ning.com/forum/topics/6473745:Topic:10403

中華民國交通部觀光局http://www.tbroc.gov.tw/pda/m1.aspx

表2-2-2　台灣的農業發展歷程

史前時期	明朝清朝	日治時期	二次世界大戰	1945～1952	1953～1972	1973～1978	1979～1985	1986～2001	2002～
混沌期	開發期	黃金期	戰爭破壞期	重整回復期	快速發展期	停滯期	產業升級轉型期	農業現代化調整期	WTO適應期

表2-2-3　台灣近年重要農業政策

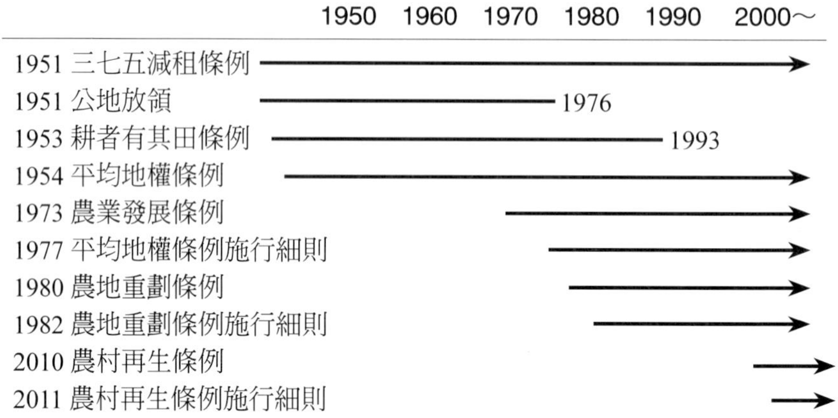

1950　1960　1970　1980　1990　2000～

- 1951 三七五減租條例 →
- 1951 公地放領 —— 1976
- 1953 耕者有其田條例 —— 1993
- 1954 平均地權條例 →
- 1973 農業發展條例 →
- 1977 平均地權條例施行細則 →
- 1980 農地重劃條例 →
- 1982 農地重劃條例施行細則 →
- 2010 農村再生條例 →
- 2011 農村再生條例施行細則 →

參考來源：
耕地三七五減租條例：中華民國91年5月15日總統華總一義字第09100095610號令修正第3、4、6條（2014.2.2）http://www.land.moi.gov.tw/law/CHhtml/mainframe.asp?LCID=127&
臺灣農業發展史（2014.2.2）http://big5.taiwan.cn/jm/ny/dnnygk/200703/t20070322_358313.htm
http://ja.wikipedia.org/wiki/台灣
黃有才（2011）一百年來台灣農業的回顧與展望，科學發展，457期，pp.135-139
行政院農業委員會(2003)台灣灌溉史

第三節　台灣的里山分類

台灣的里山分類，作者從地理學的角度，以中央山脈、濁水溪為界，區分為北、中、南、東，以此分區來選擇具代表性的河川流域為里山地區作陳述。表2-3-1所示，從上述四種分區再各

表2-3-1　四大區之主要流域概要一覽

	河川名	長度（km）	流域面積（km²）	源頭	最終注入	流域涵蓋縣市
北部	淡水河	159	2,762	品田山	台灣海峽	新北市、台北市、基隆市、桃園市、宜蘭縣、新竹縣
	蘭陽溪	73	979	南湖北山	太平洋	宜蘭縣
中部	濁水溪	187	3,157	合歡山佐久間鞍部	台灣海峽	彰化縣、雲林縣、南投縣、嘉義縣
	大甲溪	124	1,236	南湖大山東峰	台灣海峽	台中市、南投縣、宜蘭縣
南部	高屏溪	171	3,257	玉山東峰	台灣海峽	高雄市、屏東縣、嘉義縣、南投縣
	曾文溪	138	1,176	東水山	台灣海峽	台南市、嘉義縣、高雄市
東部	花蓮溪	57	1,507	白石山萬里池	太平洋	花蓮縣
	卑南溪	84	1,603	卑南主山	太平洋	台東縣

註：1.中央管及跨省市河川基本資料（幹流長度、流域面積）2012.02.04
2.經濟部水利署：http://www.wra.gov.tw/ct.asp?xItem=48082&CtNode=7665（2013.5.27）

挑選兩條主要河川流域爲對象；北部以宜蘭爲主要城市的73公里長的蘭陽溪，及其所屬的蘭陽溪流域979平方公里爲探索對象、另一條河川是159公里長的淡水河及其所屬之淡水河流域2,762平方公里。中部則為187公里長的濁水溪及其流域3,157平方公里、124公里長的大甲溪及其流域1,236平方公里。南部是171公里長的高屏溪及其流域3,257平方公里、138公里長的曾文溪及其流域1,176平方公里。後花園的東部則為57公里長的花蓮溪及其流域1,507平方公里、84公里長的卑南溪及其流域1,603平方公里（參見圖2-1-2）。

表2-3-2如前述參照日本中村俊彥、北澤哲弥、本田裕子（2010）將里山分成三類（山間里山、台地里山、谷津里山及平野里山）、里川則不變、里海分成四類（里澤、干潟里海、砂濱里海及磯里海）總共八類。台灣則除了參照日本類別外，也順應台灣特殊地景及地理環境延續日本的三大項中去做分類，各分類並各別選出代表潛力地區以供參考；如里山跟日本一樣分成四類：山林里山—新店、員山、林內等是代表潛力地區。台地里山—三星、林園、大溪等是代表潛力地區。谷間里山—石碇、大同、水里等為代表潛力地區。平原里山—淡水、冬山、二水等是代表潛力地區。里川—關渡、壯圍、集集等為代表潛力地區。里海分成六類：里澤—五結、大坡池、龍鑾潭等為代表潛力地區。潟湖里海—七股、大鵬灣等為代表潛力地區。沙濱里海—蘭陽溪、清水、新園等為代表潛力地區。珊瑚礁里海—墾丁、壽山、旗津等為代表潛力地區。岩礁里海—蘇澳為代表潛力地區。礫石里海—枋山、旭海為代表潛力地區。以上所挑出之里山地區並非完整，尚祈以拋磚引玉之方式，讓更多各地之里山地區可以隨時更新。當然，本書尚未列出的流域或是眾多的未列里山地區，除

表2-3-2　日本與台灣里山類別名詞對照及潛力代表地區

	日本	台灣	台灣潛力代表地區
里山	山間里山	山林里山	新店、員山、林內、東勢、六龜、大埔、萬榮、海端
	台地里山	台地里山	三星、林園、大溪、竹山、新社、玉井、三地門、光復、鹿野
	谷津里山	谷間里山	石碇、大同、水里、和平、甲仙、楠西、美濃龍肚、鳳林、卑南
	平野里山	平原里山	淡水、冬山、二水、后里、美濃、善化、壽豐、池上
里川	里川	里川	關渡、壯圍、集集、石岡、高樹、大內、壽豐、關山
里海	里沼	里澤	五結、大坡池、龍鑾潭、官田
	干潟里海	潟湖里海	七股、大鵬灣
	砂濱里海	沙濱里海	五結蘭陽溪、清水、新園、枋寮、水底寮、大城、吉安、台東
	磯里海	珊瑚礁里海	墾丁、壽山、旗津
		岩礁里海	蘇澳
		礫石里海	枋山、旭海

了將來繼續增加外也期待有心人士的聯繫通知與支援。

台灣向來「以農立國」，農田水利乃兼備生產、生活及生態等三生功能，爲維繫一國之生命命脈理當重視農業，更爲子孫之發達，農業的永續經營所必需之所有三生元素均需加以保護並竭盡全力維護其功能。本書第三章北部地區的淡水河流域、蘭陽溪流域；第四章中部濁水溪流域、大甲溪流域；第五章南部高屏溪流域、曾文溪流域；到第六章東部花蓮溪流域、卑南溪流域等。依序從各流域的地理特性找出當地特有的里山型態，各里山型態中，所列舉的參考地區之外必然還有很多適當的里山地區，因篇幅所限，本著拋磚引玉的方式，期能由透過這些地區讓居民有所認知，進而擴展且能深入探索；為了後代子孫挺身保護當地的里山環境。

Chapter 3

北部主要流域的里山

如表2-3-1及圖3-1所示，北部里山由淡水河流域2,762平方公里；涵蓋大台北地區（含基隆）、桃園、新竹與部分宜蘭等縣市。蘭陽溪流域979平方公里則幾乎都在宜蘭縣境內。

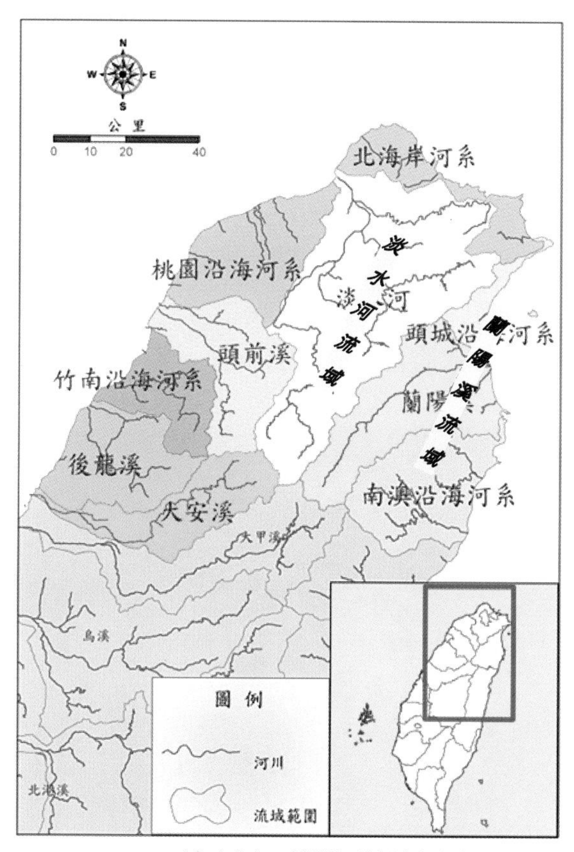

圖3-1　淡水河、蘭陽溪流域位置圖

底圖擷取自：經濟部水利署、余紀忠文教基金會林書楷製作2011.10（2014.2.9）http://www.yucc.org.tw/water/spatial/atlas/north-area/north-area/view

第一節　淡水河流域

流域概述

淡水河的源頭在大霸尖山之南，海拔約三千餘公尺巍峨高聳的品田山上，經過地殼變動，蜿蜒在整個台北盆地，實質上，匯集了大漢溪、新店溪、基隆河三大支流之水。整個淡水河流域，除了五、六月間的梅雨和夏秋間的颱風雨之外，大漢溪接受較多的夏季西南季風雨水，基隆河和新店溪則接受較多的冬季東北季風雨水。流域的年平均面積雨量接近3,000毫米，約爲全世界陸地平均降雨量的三倍。每年有近60億立方公尺河川逕流量，是淡水河流域的最大水資源量（圖3-1-1）。

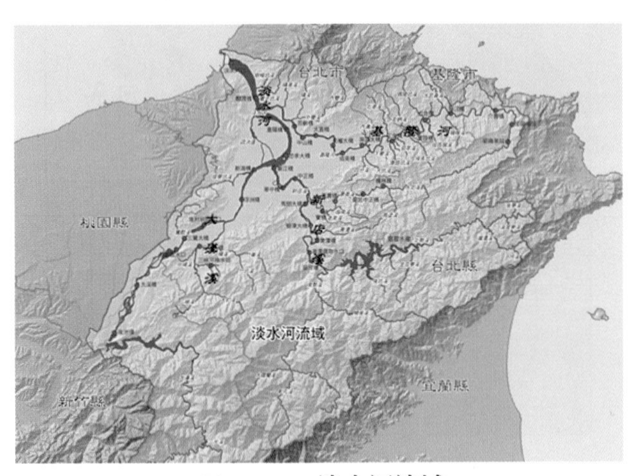

圖3-1-1　淡水河流域

底圖擷取自行政院環保署（2014.2.5）http://gis.epa.gov.tw/epagis102/MainImageShow.aspx?id=2

由於整個流域匯集二千餘平方公里範圍內的各種水流注於面積約240平方公里的台北盆地，故豪雨時節洪患多，須興建隄防來防止河道洪水流入市街區，以及興建排水溝、抽水站等來防止市街區積水、淹水。復因潮汐、地層下陷以及關渡、台北橋、中山橋等水流瓶頸等問題，阻止洪水順利流出台北盆地，故台北都會區歷年來進行沿淡水河與其支流兩岸興建堤防，以及闢建二重疏洪道等防洪計畫來疏導水流。

歷史演進

最先在淡水鎮的土地上開墾的住民是凱達格蘭人，他們是屬於平埔族的一支。當時他們的生活很簡單，主要以捕魚和打獵爲主。淡水古名滬尾，爲土著語（Hoba）轉音而來，爲河口之意。十七世紀初期，漢人的行跡踏上淡水；隨後西班牙人、荷蘭人相繼佔領此地，直至1661年鄭成功登陸鹿耳門打敗荷蘭人，才使淡水回歸漢人之手。在咸豐十一年（西元1861年）的時候，英國副領事開始於淡水辦公。自光緒六年（西元1880年）起，洋商得以合法租借土地，但由於外國商人的生活習慣不同，爲方便管理，清朝政府與外國協定設立租界，將洋人居所、教堂、洋行、醫院等集中於租界區。此後洋人在淡水的居地便分散在華人市街的兩頭，即今淡水車站以東及紅毛城、油車口一帶。洋人當時的洋房，許多至今尚存。

淡水鎮的主街道（今中正路）是日治時期的昭和四年（西元1929年）在市區改正運動中改建成現代的規模。市區更新的緣故，由於原本街道的狹窄，僅容行人及手推車通行，在汽車引進台灣之後，進行房屋徵收以拓寬道路等工作，將淡水主街由四公尺拓寬爲九公尺，後來路兩旁住戶亦紛紛改建住戶爲二層紅磚建築，並披上當時流行的昭和式樣，構成今日所謂淡水老街的主體。淡水，山河環繞，景致優雅，人文薈萃，是個山城與河港的小鎮，有著簡樸的老街、紅毛城、福佑宮等，充滿著濃郁的歷史情懷。

自然環境

淡水依山傍海，農漁業均發達。耕地面積2千餘公頃，爲新北市最大稻米產區。漁產方面，淡水附近海域正爲黑潮所經之地，漁產豐盛。近年來由於河口污染漁源枯竭，已日漸式微，但仍稱得上是台灣北部著名海產勝地，尤其以「仔魚」最具特色。此外，漁苗的捕撈不僅是漁民的重要收入，也是台灣養殖漁業的基礎。八里區形狀呈長形帶狀，位於臺北盆地之西北端。處於淡水河出海口之西側，東北隔淡水河與淡水相望，西接林口區，南隔觀音山與五股區爲鄰，西北濱臨台灣海峽。關渡位在基隆河與淡水河之會流處，處於大屯山系與觀音山間。由於位置特殊，擁有豐富的河口生態系及陸地山丘生態系。其中的沼澤區蘊含多樣生態，是台灣觀賞水鳥的最佳地點。

蘆洲的位置是在新北市的西北部，東北隔淡水河，與臺北市的關渡、士林，和陽明山相望。蘆洲舊名爲「河上洲」，因其地形得名，清朝乾隆年間陸續有泉洲同安人前往開墾，光緒年間因此地蘆荻叢生，於是有「蘆荻泛月」之美名，此爲蘆洲地名的由來。由於蘆洲及淡水河與大漢溪所沖積，而成之沙洲地勢低平，土壤肥沃，故居此百姓多以務農爲主。同時也因地勢低平離河流近，在雨季時多造成水患，故開發速度較爲緩慢。

土地利用

淡水河所流經之鄉、市、鎮之土地使用型態大部分已都市化，根據台北市及新北市之土地使用分區面積統計資料顯示，其面積共2,324.37平方公里，都市土地佔總面積之45.5%，其中台北市271.8平方公里均爲都市化土地。由於近年來台北市都市化及工業化發展結果，目前台北市可發展空間極爲有限，而新北市目前土地使用複雜，住商工混合，居住環境品質較低落。

社經發展

淡水河流域自先民拓墾迄今，已有數百年歷史，伴隨著大台北區域的發展，整個流域內之社會、經濟、環境均與時變遷，淡水河早已今非昔比。回顧以往淡水河流域內人口成長、經濟發展與社會變遷趨勢，均與淡水河有密不可分的關係，早期方航運功能，曾使得淡水河流域的艋舺、大稻埕成爲商業匯集之部落，而大台北都會區，也漸發展爲台灣的政治、金融、人文的中心。以台北市爲例，人口成長率已漸趨緩和。在流域內基本之社經概況，平均人口密度每平方公里約2,500人，而農業區在流域內僅佔11%強，都在在顯示淡水河流域已成爲一個高度開發的區域。

大台北地區在地形上，四面環山，淡水河各水系從中蜿蜒而過，早期居民取河水灌溉，帶動了農業的發展；隨後，河川發揮了運輸的功能，沿著淡水河岸形成各聚落的雛形，諸如艋舺、大稻埕爲當時著名之商區，時至今日，由於工商發展與人口湧入，淡水河原有的灌溉與運輸功能，早已因土地使用型態改變、經濟活動改變而幾乎廢置，河川水質及河岸空間亦因污水排入、廢土及垃圾棄置，而造成河川景觀嚴重破壞，在都市發展快速擴充後，淡水河流域可利用之公共空間資源則日益減少，尤其是河岸空間因防洪之要求，及都市發展之需求而減少更劇烈；在經濟發展層次較高後，居民反對河岸空岸之活動需求日益增加，因此各縣市政府在兼顧安全與土地充分利用，已在淡水河沿岸河川地規劃為生態活動、遊憩等目標之土地使用型態，目前淡水河流域下游地區河川空間及河防設施已有充分利用。

支流概況

大漢溪為淡水河流域第一大支流，發源於品田山及大霸尖山之北麓，沿途地勢陡峻，河谷深邃，再加上海拔高，流水作用旺盛，於是形成高山懸崖、峽谷、瀑布、曲流、河階、台地、壼穴等自然景觀。主流流至三峽區，其支流三峽河及橫川溪則匯合於右岸，進入台北盆地後與新店溪在江子翠合併。

新店溪上游為南勢溪與北勢溪，至新龜山匯合。北勢溪發源於棲蘭山，長50公里，南勢溪則以塔曼山、拳頭母山為源頭，共長45公里，主流流過公館後即成為台北市南界，流至江子翠匯入淡水河。新店溪四週受雪山山脈主支陵所環抱，目前仍維持自然原始林的風貌，為大台北都會區重要的水源保護地。

基隆河發源於新北市境內之菁桐山，全長約80公里，流域面積約500平方公里。上游河段為三貂嶺，呈V型河谷，三貂嶺附近至南港為中游，南港以下為下游。其上源谷地有許多瀑布分布，且受到更新世晚期海進、海退、地震和火山作用的影響，回春地形如河階、壺穴等特別明顯，加上春季的梅雨，冬季的東北季風雨，使得年雨量分配均勻，爲一大特色。

大漢、新店兩支流交匯於江子翠，前行至關渡與基隆河匯合，沿途形成華江橋下、關渡、竹圍等沙洲地，成爲北部最重要的水鳥與紅樹林保護區。最後流經淡水區，行古蹟之巡禮，享受美食小吃，欣賞淡水八景之一的「淡水夕照」，深深吸引無數人的心。

自然生態

淡水河流域的自然生態景觀，最著名的大致有水生動物、特殊鳥類及獨特的紅樹林景觀。大致上來說，竹圍紅樹林裡有22種螃蟹，分別屬於四個科：即沙蟹科、方蟹科、和尚蟹科及蟳科。其中沙蟹和方蟹兩科都各有10種。

春季的四、五月是關渡水鳥過境的最高潮月份，大多數水鳥在此時北返繁殖地。夏季是關渡鳥類最少的季節。秋季的九、十月是關渡水鳥南下過境的高潮月。冬季的關渡，雖然候鳥的種類減少，但數量卻不少，黑腹濱鷸是冬天的主角。

台灣水筆仔林以淡水河口面積最大，歷史最久，早已成爲水筆仔造林的採種中心。淡水河河口的水筆仔林，已有五十年以上的歷史，四、五十年來紅樹林不斷地由竿蓁林向外擴展，目前已呈帶狀拓展到竹圍一帶，亦有少許幼苗隨漲潮向上游漂流，零星成長於較竹園以上之河岸。八勢里一帶紅樹林生長茂密，人跡罕至，鷺鳥棲息也營巢其上。

淡水河口紅樹林分布在兩岸。由關渡到八勢里之間，淡水河爲南北走向，到八勢里一帶突然急轉，略成爲東西走向。八勢里與竿蓁林之間的大轉彎處，因河水在此迴盪，河水自上游帶來的泥沙沉積於此，形成一大沙洲，淤泥日多，沙洲日益升高，最先是一些禾本科植物侵入，接著水筆仔也侵佔進來。三十餘年前尚是一片荒蕪的沙洲，現在幾乎全爲水筆仔所覆蓋。右岸除了此大浮洲以外，由竹圍到淡水車站河岸的紅樹林呈帶狀分布。

淡水河流域里山分類

里山分類	代表地區	地形圖
山林里山	代表地區爲**新店**，本區秀麗挺拔的青山，清澈蜿蜒的溪水與清新舒爽的空氣是新店最主要的資源，轄內山脈綿延，地勢南高北低屬本省北部雪山山脈分支之丘陵地帶，山巒疊起，地勢陡峻，山清水幽，爲大台北地區生命水源地，亦是藝術家之鄉。	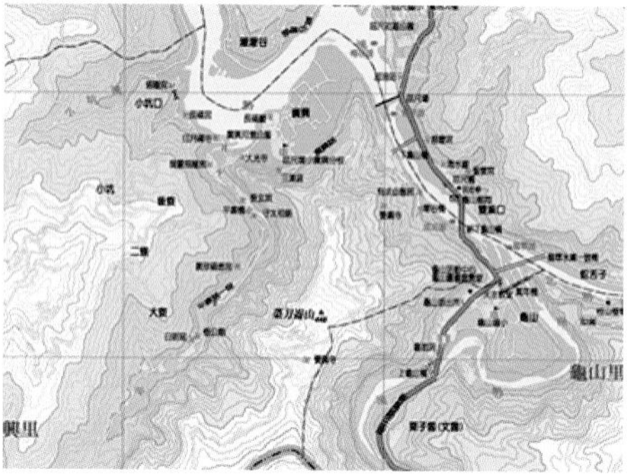 底圖擷取自：內政部台灣行政區域圖 http://taiwanarmap.moi.gov.tw（以下均同）

（接下頁）

里山分類	代表地區	地形圖
台地里山	代表地區爲**大溪區**，本鎮地勢台地丘陵多，平原少，而且大漢溪自石門水庫以下，河水的侵蝕基準面降低，導致河流急速下切，原有的河道因而形成高起的河階地，遂在大漢溪沿岸有數層與河流平行的直行河階地形。上游盛產名貴木材，木雕業盛行。得天獨厚水質造就大溪豆干盛名。	
谷間里山	代表地區爲**石碇**，地形崎嶇複雜，多爲山嶽地帶，少有平坦之地，地形上多屬山坡地。石碇溪水奔流，切穿浮獅山脈，河谷中巨石纍纍，溪中生產鰻魚、溪哥與蝦聞名。夏季每逢星期例假日遊客如織，爲戲水垂釣的好處所。境內青山綠水環抱，屬於集水區範圍，禁止人爲開發與破壞，因此保留豐富的原始自然與人文景觀。	

（接下頁）

里山分類	代表地區	地形圖
平原里山	代表地區爲**淡水**，淡水位於台北盆地的西北方，大屯山與淡水河環繞，兼具山城與河港特色，景緻優雅。早期淡水是東南亞海路的中途站，大屯山又是極好的航途指標，因此至今七千年來一直有人類入居淡水，以部落形式過著漁獵、放耕的生活。	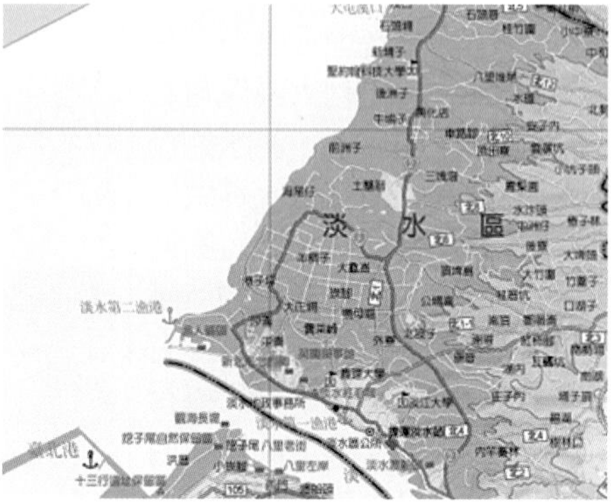
里川	代表地區爲**北投、關渡**，位於台北盆地北端、緊鄰基隆河，最低點位於淡水河與基隆河交匯處之關渡自然公園，最高點爲海拔1,120公尺高的七星山，東北側由海拔1,000公尺左右的大屯山系組成；西南側爲平坦的關渡平原。水源流經地熱谷湧泉，溫泉旅館數量多，自然人文資源也豐富。	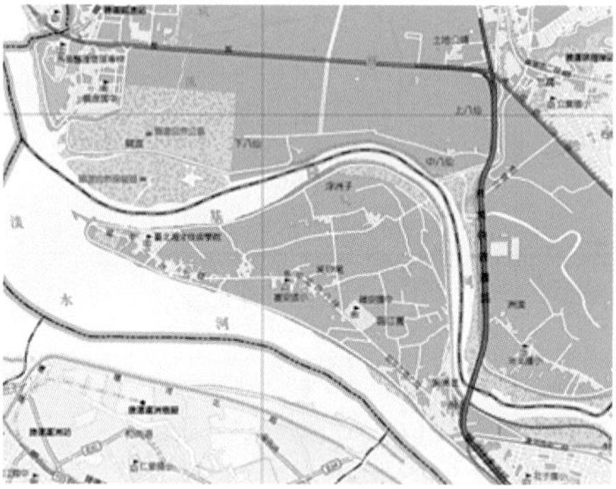

里山特色潛力點

1.新店

本區位居新北市南端臺北盆地南隅，東經121.32度，北緯24.57度，東臨石碇區，西界中和區，南銜烏來區，北與景美、木柵爲界。本區轄內山脈綿延，地勢南高北低屬本省北部雪山山脈分支之丘陵地帶，山巒疊起，地勢陡峻，自南邊海拔1,000公尺之大桶山向北逐漸降低，以迄臺北盆地邊緣，河流源自於烏來之拳頭山南勢溪與發源於宜蘭縣坪林之北勢溪匯集成爲新店溪，蜿蜒北行至淡水河入海。漢人移民從康熙四十八年（1709年）以後大量進入台北盆地拓荒，至十八世紀二、三十年代雍正年間，漢人的開發事業已推進至其東南邊緣水源豐富、地勢平坦的新店角盆地。

景點：二叭子植物園、大鵬堤外公園、文山農場、北新藝術廣場、安坑蝴蝶生態園區、成功湖、屈尺自然生態教學區、梅花湖、碧潭風景特定區、翡翠湖、燕子湖及濛濛湖等。

物產：文山包種茶、竹筍及桶柑等。

照片　新店溪附近景觀，怡情養性之餘，是否得道仙人藏身其中，實在引人遐思。

省思：地理位置的關係大量的住宅開發，昔日大規模的田野風光當然已不復見。然而，若朝小而美的小農耕地發展，盡量實施有機農作讓生物多樣環境能再度與你我近距離接觸，也算是落實環境教育的一環，不是嗎？

2.大溪

本區行政區域面積爲全市第二，僅次於復興區，大漢溪將大溪區分爲東西兩岸，大溪爲典型的河階台地，位於桃園縣的東南方。東部丘陵緊接中央山脈，峰巒疊翠，大漢溪流經其側，山高水深，峽谷陡峭，河川多曲流，河岸又有河階台地，地形景觀特殊。石門水庫完成後，山環水曲，風光旎麗。中部大漢溪河谷區，河床中沙洲、礫灘遍佈，大小水道散置期間，在早期河運便利時，月眉里附近之河岸地區，舟船雲集，挑夫、商賈川流不息，貨物的進出量極大，爲臺灣重要之內陸河港。西部台地昔爲古石門溪的河床，台地高150至200公尺，地面廣闊平坦，俗稱「番子寮台地」，爲桃園台地群之一部分，亦爲大溪區最早開發之地區。

景點：150年樟樹、大慶洞、大溪頭寮陵寢、中山路老街、石板古道、和平路老街、御成古道、慈湖陵寢、蔣公紀念堂、頭寮大池、齋明寺等。

物產：極富盛名的木器產業、豆干產業、綠竹筍、國蘭、藥用植物、韭菜及草木本花卉等。

照片　大漢溪附近台地景觀，如果水土保持狀況繼續惡化，河岸邊住家的安全令人擔心。

省思：龍埤和新埤奠定大溪農業發展的基礎，加上特有的河階地形與肥沃土壤，因地制宜的農耕方式讓大溪擁有美麗的田園景觀和膾炙人口的農產品。而這些景觀與物質是否能永續，重點在水土保持之是否有被重視；部分的河階地形已因石門水庫而改觀，再來就看政策與居民是否能有效監督。

3.石碇

本區位臺北市東南方，位居新北市之中央，東與坪林、西與深坑、新店與北市文山相連接，南與烏來，北與平溪、汐止與南港相鄰。本區地形主要是景美溪上游的兩大支流大溪墘（永定溪）和石碇溪所切割的狹窄河谷地形。地形上多屬山坡地，標高最低一百公尺，最高六百公尺。北勢溪是流經本區最大河川，自坪林區流經本區永安、格頭、碧山三里下新店區，與新店溪會合。因溪水清澈，政府在本區碧山里與新店區交界處興建翡翠水庫，供應大台北地區三百萬人飲用水。本區民風純樸，擁有豐富的山林景緻及自然生態資源，故吸引群聚的藝術家長駐本地以激發靈感，造就提升石碇的藝術人文氣息，成爲石碇區發展觀光的重要力量。

景點：二格公園、玉殿谷、石碇老街、流螢谷、茶葉改良場文山分場、皇帝殿露營區、淡蘭藝文館、華梵文物館、楓橋營地、蝙蝠洞及鱸鰻潭等。

物產：石碇東方美人茶、文山包種茶、大菁及石碇豆腐等。

照片 翡翠水庫附近河川、橋與山間祥和景觀之外的不協調高樓景觀（右下照片），土石流難道不是因此而起？人多路多建地變多？山上脆弱的地質地勢哪經得起如此摧殘。更不要說下游的核能電廠破壞河道囉。哀哉心痛。

省思：百年老街文化、建築的保存及維護管理，茶葉、大菁的栽種及東方美人茶、染布等寶貴技術的經驗傳承相信都是無形或有形的文化遺產。另有翡翠水庫的加持成為水源保護地區，只要當地的NGO團體（如二格山自然中心）能多費心思負起監督責任，並培訓新力軍，則新的桃花源區誕生指日可待。

4.淡水

淡水區北鄰三芝區，南以關渡和臺北相接，西濱臺灣海峽，並與八里一水之隔；境內除淡水河口狹小平原外，大屯山陵被覆本區泰半，形成山城河港。河光山水、風景秀麗，自古爲臺灣八景之一，昔日並有「東方威尼斯」之稱。淡水地處淡水河口，自古即掌握北臺灣經濟動脈之鎖鑰，一直是兵家要地，乃至於歷史文化衝突的焦點。早在漢人移民之前，淡水地區已有平埔族原住民「凱達格蘭人」從事簡單農漁與採集生活。17世紀歐洲海上霸權之爭奪達於巔峰，淡水地處南洋、日本與中國之間要衝之地，自不能免於是非。西元1629年西班牙首先入侵，築聖多明哥城，其後荷蘭人取而代之，建立紅毛城，明末鄭成功又逐荷人。歷經多年的開發後，清末時淡水已成爲北台灣最大通商港口。

景點：竹圍渡船碼頭、沙崙海水浴場、海事博物館、捷運公園、淡水古蹟園區、淡水老街、淡水紅毛城、淡水海關碼頭、理學堂大書院、滬尾砲臺公園、漁人碼頭、新北市忠烈祠、鄒先紀念科學館。

物產：金花石蒜、山藥、筊白筍及牧草等。

照片　2005年暑假淡水河口周邊景觀，令人有「煙波江上使人愁」的感覺

省思：擁有400年歷史的城鎮，農耕地從1960年代的約4,100公頃到2010年剩下約2,700公頃。1928年就存在的漁會，從國際港到現在的休閒港，漁夫早已非正業。歷經交通的改革、都市的大規模開發，昔日的儉樸小鎮風光早已不復存在；在享受現代開發成果之餘，難道不該深思下一步的糧食何處來？

5.北投

北投區位處臺北市最北端，東以雙溪河中心，順延磺溪中心線上接中山樓右側山脊至馬槽橋，沿山溝而下至省市界與士林區爲界、西以淡水河中心線延中央北路四段底，接小坪頂山與淡水區爲界、南以淡水河中心線轉基隆河中心線與士林區爲界、北以面天山、大屯山沿竹子湖路接嵩山與三芝區、金山區爲界，面積居北市第二大。北投全區大致可區分爲三大地形區，分別爲大屯火山群，平原山麓區域的臺地，以及關渡平原區域。北投地形的一大特色爲在南北長約10公里的距離內，可由海拔1千公尺以上的高山，陡降到達幾乎與海平面齊平的關渡平原。

景點：本區自然資源豐富，有名聞遐邇的溫泉及關渡水鳥保育區，下八仙、洲美鄉野景觀特色區，陽明山國家公園更提供都會市民多元的休憩公園空間。其他還有地熱谷、貴子坑水土保持教學園區、復興三路櫻花大道及北投溫泉博物館等。

物產：桶柑、草莓、楊梅、海芋、水蜜桃、向日葵、綠竹筍、蔬菜及花卉等。

照片　北投溫泉源區及梯田景觀

照片 2006年暑假北投周邊天然溫泉河流、源區、休憩區與梯田景觀。

照片 **關渡附近河川景觀（2014.2.1圖片擷取自：GoogleEarth街景圖 2012）**

省思：本區早年除了漁獵以外，並以挖掘硫磺為生。近年來，農業已經朝向高經濟價值的精緻農業發展；隨著捷運的開通，溫泉觀光業日漸復甦，未來前景光明。然而，恣意的濫墾濫伐，及毫無章法的溫泉管理，將容易產生無可預期的災難，遑論里川魚獵或名物——北投石之蹤跡？

第二節　蘭陽溪流域

流域概述

蘭陽溪原名爲宜蘭濁水溪，以含砂量豐富混濁而得名，發源於南湖大山北麓，流經牛鬥出谷後，於噶瑪蘭大橋附近匯合宜蘭河、冬山河，隨即注入太平洋，爲臺灣東北部最大河川。蘭陽溪的中上游爲坡陡水急的河岸劇烈切割地形，受雪山山脈與中央山脈地形的約束，主流呈西南至東北流向。主流至牛鬥以下形成扇狀堆積，河流呈網狀。流域地勢由東北向西南逐漸增高，形成狹長畚箕狀，上游地區水源爲3,000公尺之高山地帶，中游爲丘陵，下游多屬平原，平均高度爲983公尺。受到崇山峻嶺的層層保護，水質清澈澄淨。河川水源主要作爲發電及灌溉之用，故自古農業發達，灌溉圳道遍布整個蘭陽平原。蘭陽溪流域貫穿蘭陽平原，於出海口有冬山河與宜蘭河在此匯流入海，形成蘭陽溪口廣大的河口濕地（圖3-2-1）。

歷史演進

三、四千年前，就有先住民以聚落的型態群居在宜蘭地區。接著，噶瑪蘭人和泰雅人相繼在這塊土地上耕作、漁獵。早期宜蘭縣境內泰雅人的分布在三個區域，形成三個群落分別有南澳群、溪頭群、卡奧灣群等，南澳群於現今的南澳鄉境內，和平北溪及南澳溪流域；溪頭群在現今的大同鄉境內，蘭陽溪源頭及上游流域；卡奧灣群則在現今的大同鄉境內，蘭陽溪中游流域。

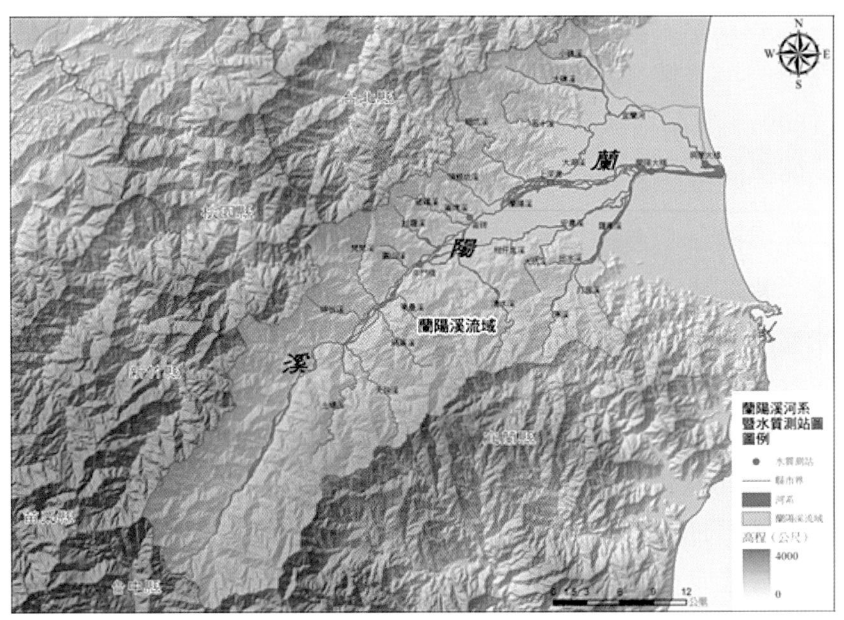

圖3-2-1　蘭陽溪流域

底圖擷取自行政院環保署（2014.2.5）http://gis.epa.gov.tw/epagis102/MainImageShow.aspx?id=21

蘭陽平原的開發可說是從清嘉慶元年（1796），吳沙率眾入墾頭城爲開端，而後再逐漸往南移墾，逐次開墾了二圍（即頭城二城里）、湯圍（今礁溪德陽村）、三圍（今礁溪三民村）、四圍（今礁溪吳沙村），以及五圍（今宜蘭市）。而礁溪鄉在早期墾拓過程中，乃是扮演著中繼站的角色。礁溪的「礁」是閩南語（乾涸）的意思，因爲當時人們看到這個溪谷終年砂石堆積，就取名叫礁溪。

宜蘭市的開發是在清嘉慶7年（1802），以福建漳州籍爲主的墾民進入宜蘭溪及蘭陽溪之間的平原，因爲這裡是漢民族開墾的第五個據點，所以叫做五圍。羅東則是因爲清嘉慶14年(1809)，宜蘭地區發生漳泉械鬥事件，漳州人於是渡過蘭陽溪進入開墾而繁榮地方。

自然環境

蘭陽平原廣袤的三角洲平原，地勢平坦，適合水稻栽植，稻米盛產，爲台灣北部重要米倉之一。年平均降雨量約爲3,000公厘左右，降雨集中於八月及十一月，每年七到十二月爲豐水期，一到六月爲枯水期，年平均降雨日數約爲220天，此因本水系東北低西南高的地勢走向，使得海洋氣流得以長驅直入，帶來豐沛的雨量，而終年雲霧繚繞；秋冬兩季，更首當其衝的受到東北季風挾帶豐沛水氣的影響，遂無明顯的乾季。和新竹的風齊名，有「竹風蘭雨」之美稱。

蘭陽溪是宜蘭縣民衆賴以維生的河川，沿途森林茂密，有太平山、棲蘭等森林遊樂區；仁澤、梵梵、清水、礁溪等溫泉；蘭陽平原的田園之美、以及冬山河的親水公園、蘭陽溪口的野鳥保護區等，造就宜蘭豐富的自然資源與人文景觀。

蘭陽溪、宜蘭河、冬山河自上游挾帶下來的泥沙在河口形成沼澤濕地，內有豐富的魚、蝦、蟹、貝等生物，再加上沿海岸邊狹長的砂丘，以及蘆葦所形成的天然屏障，是候鳥們的最愛。支流清水溪的上游爲著名的清水地熱所在，中游有長埤、九芎、清水等湖泊景觀可欣賞。九芎湖是天送埤發電廠的蓄水池，利用湖邊的水車運轉，以引水灌溉。員山以下進入阡陌縱橫、埤圳密布的蘭陽平原。平原上有果園、菜圃、魚塭、養鴨人家，竹圍農舍散落田間，交織成一幅靜謐的農村風光。隨著四時農耕與季節的變化，呈現出田園景觀的自然風情。

社經發展

蘭陽溪流域下游爲蘭陽溪泥沙沖積而成之蘭陽平原，地勢平坦，土壤肥沃，同時交通發達，因此以農業爲經濟基礎，主要作物有水稻、甘薯、蔬菜、落花生及柑、李、桃等水果。近年來，工廠林立，工商業日漸發展，市郊原有的農地逐漸變爲住宅及工商建築用地，各項公共設施亦加緊建設中。

自然生態

蘭陽溪口水鳥保護區，年雨量高達2、3千餘公釐，常於夏季水流量豐富時宣洩不良，形成廣大沼澤。這片蘭陽溪河口溼地，每年均吸引大批的水鳥棲息，爲台灣北部地區重要溼地之一。溪口濕地主要是指噶瑪蘭橋以下的範圍，那裡沙岸、灌叢、泥灘、草澤、沙洲及河川墾殖地交錯，形成一片極爲複雜的環境。每當退潮，蝦、蟹、貝等無脊椎動物就出來活動。漲潮時從上游沖刷下來的有機物質在此堆積。此區繁雜豐富的生命網路構成一小型生態區，吸引大批遠道而來的候鳥在此棲息。每年九到十一月，以及三到四月，爲候鳥過境時節，常吸引大批愛鳥人士聚集在此賞鳥，欣賞候鳥們翺翔天際的美姿，享受賞鳥之樂。

支流狀況

冬山河雖非蘭陽溪水系，但緊鄰蘭陽溪水系的冬山河風景區以水為主題所建造的景點，成為全台灣民眾最佳的親水休閒遊憩典範。在親水設計上利用冬山河的河水、地下水、自來水三種水源，發展出三大親水區，寬廣平緩的水域是蘭陽地區龍舟競賽的最佳場所，亦符合國際水準的標準划舟水域。

利澤五十二甲位於五結鄉利澤村及下福村的冬山河東側，面積近二百甲。此處地勢低窪，因常年積水而形成大片草澤，自成特殊生態發展。這是個潮汐淡水沼澤，因五股圳的魚類豐富，常吸引大批的水鳥在此棲息，尤其是鷺科的鳥類。在休耕的水田中，蘆葦叢生，有機碎屑豐富，水生植物亦多，是雁鴨科的最愛，歷年來記錄了鳥種150種以上，為賞鳥的好地點。

蘭陽溪流域里山分類

里山分類	代表地區	地形圖
山林里山	代表地區為**員山鄉**，員山鄉位於蘭陽平原西部，蘭陽溪中游大灣道的北側，因雨量豐沛，地下水豐富，低窪地匯聚成無數美麗天然湖泊、埤塘，湖畔水草茂盛，動植物生態資源豐富，周邊林相、池沼濕地生態景觀優美。農業人口占居民中之大多數，民風淳樸，境內青山綠水環繞，自然景觀秀麗。	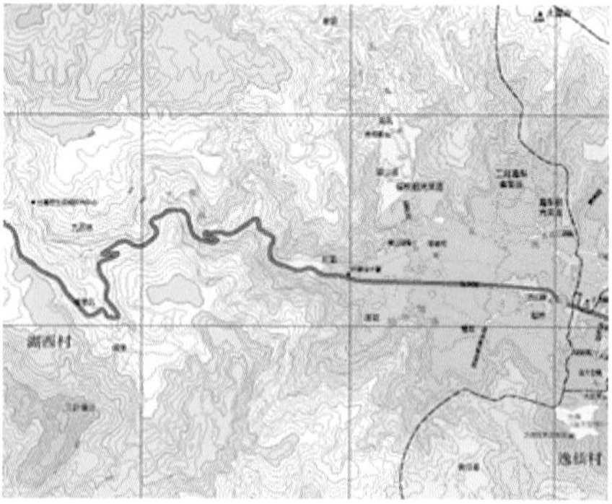

（接下頁）

里山分類	代表地區	地形圖
台地里山	代表地區爲**三星鄉**，本鄉位在蘭陽平原的西邊，是蘭陽平原與山地接觸點，也是平原地勢最高的地方。屬於扇狀式的宜蘭沖積扇平原，三星鄉即位在其扇頂。但位於山邊，雲霧容易繚繞，所以雨天多濕氣重，也因位在宜蘭的山地、平原及河川的交匯點，肥沃的土壤，造就其特有的自然景觀和人文氣息。	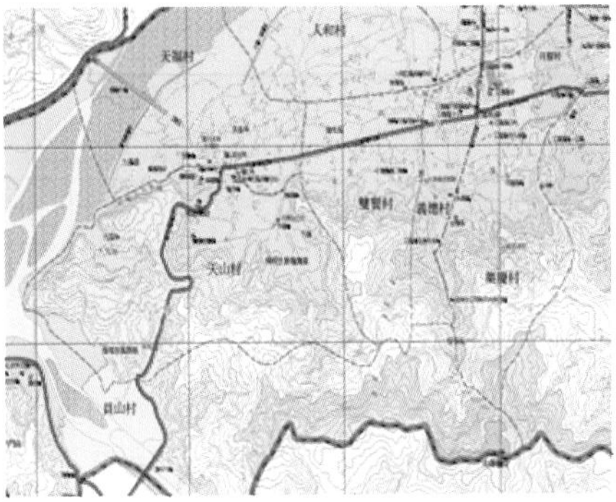
谷間里山	代表地區爲**大同鄉**，全境三分之一爲山地，村落散布於山谷翠峰之間，自成絕世獨立的美景。境內遍布著名林場與森林遊樂區、溫泉區及休閒農業區。青山翠谷中飛禽翱翔，溪底魚蝦成群，自然生態極其豐富。高山湖泊，林木參天，層巒疊嶂，環抱幽湖，四季各有風情。	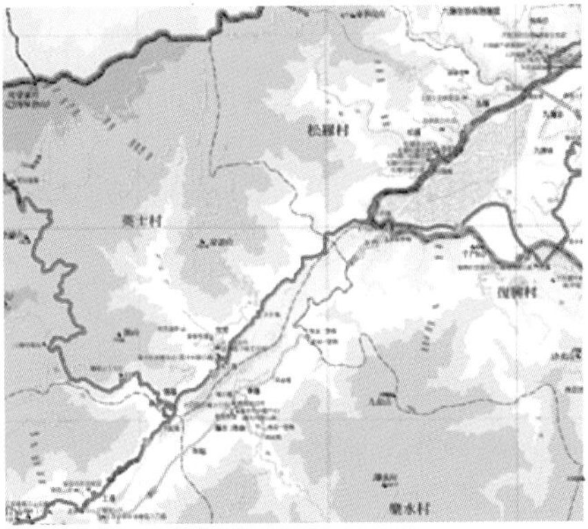

（接下頁）

里山分類	代表地區	地形圖
平原里山	代表地區爲**冬山鄉**，本鄉位於蘭陽平原東南方背山面海，冬山河與廣興溪兩河貫穿冬山鄉境內匯於蘭陽溪出海。以梅花湖爲主體結構，上爲冬瓜山，中有新寮瀑布流動，下爲冬山河與廣興溪的河水形成圓弧狀匯於蘭陽溪出海口。 冬山河兩岸布滿農村田園，沃野平疇、物產豐盛，風景優美。	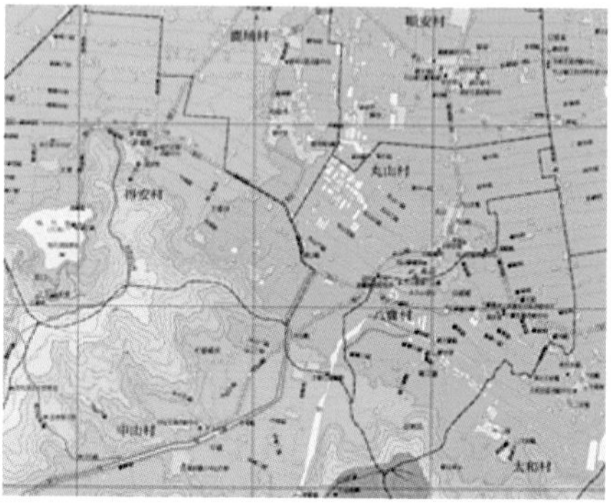
里川	代表地區爲**壯圍鄉**，本鄉地處蘭陽平原原海岸中心，蘭陽溪口北方，高灘地一望無際的瓜田，果實肥碩產量豐富，聞名遠近。蘭陽溪口三角洲沼澤、沙洲區域，生態豐富，經公告爲自然保護區。平原廣袤，田園景觀旖旎。農產豐饒，爲著名的米倉。	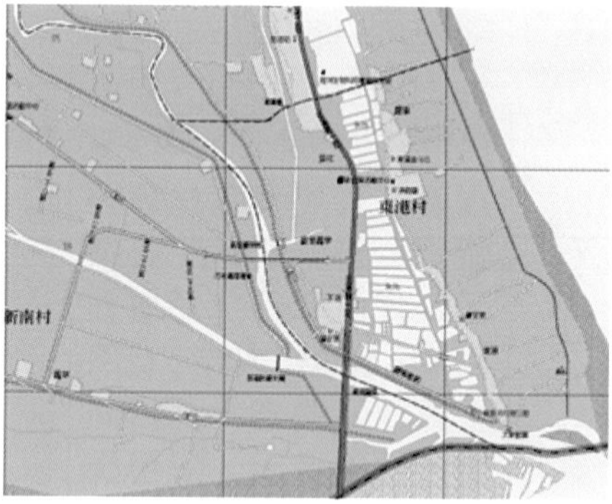

（接下頁）

里山分類	代表地區	地形圖
里澤	代表地區為**五結鄉**，全境為平地，位於蘭陽溪的右岸，亦為冬山河的出海口。位於河川下游與海岸的交界處，低窪地每逢颱風、豪雨，總會造成一片水鄉澤國的景象。利澤五十二甲地區，為感潮區段，蘆草叢生，水生植物繁多，為著名賞鳥區。利澤簡河渠交錯，早期是河港，後因泥沙淤積才形成陸地。冬山河親水公園展現自然環境與人文建設的平衡和諧。	
潟湖里海	代表地區為**蘭陽溪口**，係一片沖積平原，土壤肥沃，除了擁有豐饒的平原和遼闊的海岸之外，也有地勢低窪的沼澤與多脊沙丘，地理景觀也頗豐富。陽溪口三角洲由三條河川匯流而成，為潮汐鹽水沼澤和微鹽水沼澤。大量泥沙和有機物質，造就了複雜的生態體系，無脊椎動物及魚類十分豐富，吸引不少禽鳥來此避冬或過境。	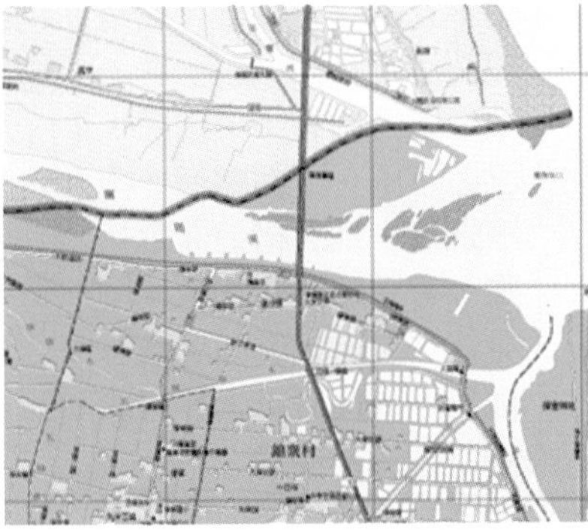

（接下頁）

里山分類	代表地區	地形圖
沙濱里海	代表地區**五結鄉**，五結鄉地處蘭陽溪的出海口，位於河川下游與海岸的交界處，低窪一片水鄉澤國的景象，境內有蘭陽溪水鳥生態保護區及五十二甲溼地保護區等，地勢平坦，河川大都呈東西走向，冬山河中、下游精華河段盡在本鄉境內。 東側海岸線全屬砂岸，地形主要呈沙灘、砂丘、河口及沼澤低地，景觀宜人。	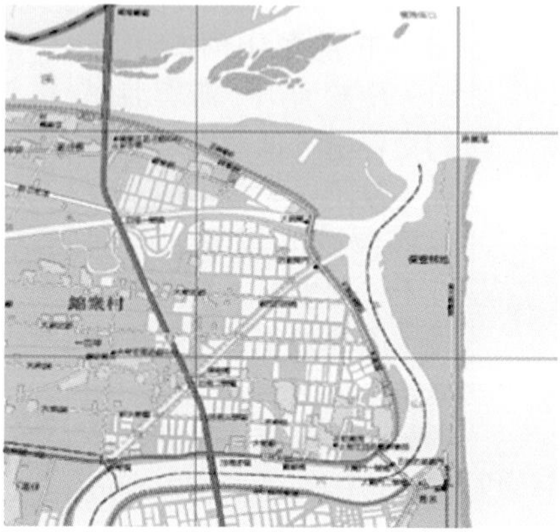
岩礁里海	代表地區爲**蘇澳鎭**，位於宜蘭縣蘭陽平原之南端，東臨太平洋、西北與冬山、五結兩鄉接壤，西南與南澳鄉毗鄰。 地理上，南有中央山脈，三面環山、一面臨海。山脈蜿蜒，地質構造非常特殊，有豐富礦產和極爲罕見特殊之冷泉資源。礁石棋布，形成優越天然屏障港口，漁業發達。	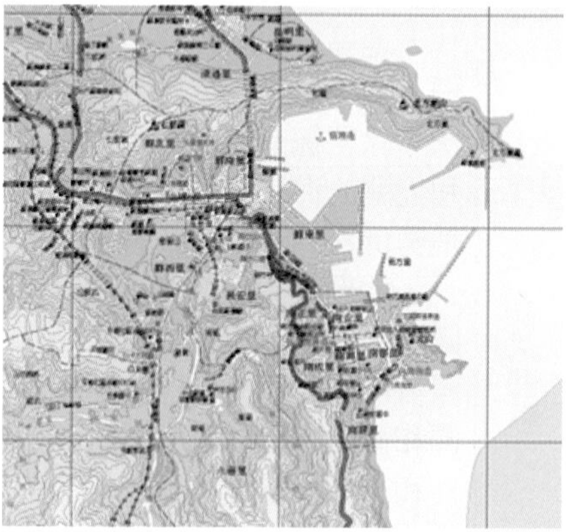

里山特色潛力點

1.員山

本鄉位於蘭陽平陽西部，原得名係因轄區內有一座圓形山丘，即今日員山忠烈祠的所在地，山丘海拔約43公尺，遠處眺望有如一個圓頂，故稱之為員山。員山鄉東西最長約18公里，南北最寬約13公里，西臨雪山山脈，與臺北縣烏來鄉及本縣大同鄉交界，南濱蘭陽溪，與三星鄉、大同鄉相臨，東邊與宜蘭市、五結鄉接壤，北以大礁溪與礁溪鄉相界。（圖）本鄉位於宜蘭縣西半部，蘭陽溪中游大灣道的北側；全鄉約四分之三以上為雪山山脈的東向山坡地，主要的平地位於東側，與宜蘭市相鄰。就地形上而言，目前蘭陽溪灣道北側之深溝、尙德，以至於外員山這一區帶，在堤防興建之前，曾是蘭陽溪河水溢散襲奪宜蘭河源頭的水道，日治時期築堤後始成為穩定的新生土地。因此，員山早期的發展，原是以五十溪沖積而成的圳頭、大湖、內員山一帶，以及大小礁溪與五十溪下游的沖積地枕頭山一帶為主要地區。

物產：員山鄉全區大都為丘陵地，又由於氣候的關係，溫度、溼度及日夜溫差均為果樹生長的基本條件，適合各種果樹的生長，所以桶柑、鳳梨、麻竹筍、生薑、楊桃、韭菜、番石榴、蓮霧、青蔥、樂山梨等，都成為員山饒富風味的農特產品，盛產期並提供採果服務。豐富的田野景觀及鄉村產業，是提倡農業休閒活動最多樣性的地方。

景點：大湖風景區、福山植物園、雙連埤、太陽埤、林家古宅及員山忠烈祠等。

照片　員山鄉山林景觀，與世無爭的樣子，只要沒有土石流，誰說富庶只在都市？（2014.2.1圖片擷取自：GoogleEarth街景圖2012）

省思：青山綠水，人情味濃厚，歌仔戲的發源地；只要土地的透水面積維持一定比例、水土保持措施確實監督維護、少毒、少化肥，堅持有機農作；則土雞城、休閒農場等的開發誰曰不宜。

2.三星

本鄉位在蘭陽平原的西邊，是蘭陽平原與山地接觸點，也是平原地勢最高的地方。自來即是山地原住民與平原居民貿易來往的地方，同時也是族群和文化衝突與交流的重要地方，加上戰後前來此地拓墾土地的人民，所以三星鄉自古以來即是多族群多衝突的地方，而其文化融合的痕跡也處處可見。就地理而言，三星鄉位在宜蘭的山地、平原及河川的交匯點，在這種自然地形及環境的影響下，早期的三星鄉爲河川氾濫的地方，整片土地均被呈網狀四散的蘭陽溪所覆蓋，洪害頻仍是其特徵。早期前來拓墾的人，即在網狀散流的河道中，擇定積沙成洲的土地上進行引水灌溉、種植稻米、花生及甘蔗的工作。

景點：分洪堰風景區、安農溪自行車步道、草湖玉尊宮、安農溪自泛舟、長埤湖風景區、龍泉步道、拳頭姆步道等。

物產：因潔淨的蘭陽溪水，與全年高濕度環境下其所生產的稻米、青蔥、茶葉、上將梨及銀柳聞名全台。

照片　三星鄉里山景觀

照片　三星鄉景觀，與自然和平共處，善待大自然，它的回饋也是夠吃好幾代！（2014.2.1圖片擷取自：GoogleEarth街景圖2012）

省思：洪患、「蕃害」、蔥、蒜、銀柳及「上將梨」，三星的自然和人文景觀因特殊的歷史脈絡下不同於其他鄉鎮，未來的三星何去何從？除了堅持生產優質農產品外，善待里山環境外，傳統技術與文化的傳承也是需要被重視與關懷的。

3.大同

大同鄉位居宜蘭縣之西南方，東鄰員山鄉、三星鄉、西北接桃園縣復興鄉，新竹縣尖石鄉，南與南澳鄉及台中市和平區爲界，北接臺北市烏來區，爲一由西南向東南傾斜之狹長山地區域，是個充滿青山淨水，洋溢著泰雅文化的後花園。境內之主要河川及其集水區也由西南流向東方注入太平洋，鄉人各村散居蘭陽溪，羅東溪兩岸之山腰、台地及沖積平坦地。因此，境內之主要河川及其集水區也由西南流向東方注入太平洋，鄉民各村散居蘭陽溪，羅東溪兩岸之山腰、台地及沖積扇。大同鄉境內山高水多，到處充滿綠意，環境清雅、重山峻嶺、風景秀麗，甚少空氣污染及噪音喧騰，處處鳥語花香，遊憩資源堪稱冠於宜蘭縣，尤其地方資源更具特色。

景點：太平山森林遊樂區、棲蘭森林遊樂區、明池森林遊樂區、松羅湖、仁澤溫泉、鴛鴦湖、翠峰湖、思源埡口及南湖大山等。

物產：茶葉、桶柑、高冷蔬菜及桂竹筍等。

照片　大同鄉村景觀

照片 大同鄉山谷景觀，祥和與世無爭的鄉村景觀，只希望水泥鋪設能更少些。（2014.2.1圖片擷取自：GoogleEarth街景圖2012）

省思：十年風水輪流轉，曾經風光一時的部落流落成「被遺忘的部落」，也能因記憶的呼喚，再度被居民的熱忱與決心喚醒。然而，期盼不要開發過了頭，則又難免將永續的基盤陷入無可替代之惡循環。記取與大自然相處的寶貴經驗，傳承優良的傳統文化與技術，則後代子孫必能享受前代留下之寶土。

4.冬山

冬山鄉位於蘭陽平原東南方，背山面海，以冬山河分隔南北二側，以台九省道分東西二向，北迴鐵路及台九省道貫穿鄉境，交通便捷。本鄉始稱爲冬瓜山，漢人於嘉慶、咸豐年間入墾現在的南興、安平和冬山等村，先民取自安平村境內附近有座形似冬瓜的山，所以叫做「冬瓜山」。全鄉氣候溫和，雨量充沛，擁有豐富觀光資源，農業發達。「冬山河」是宜蘭縣的第五大河，全長約二十四公里，發源自標高980公尺的新寮山，流經羅東、冬山、五結等三個鄉鎮，最後與蘭陽溪匯流注入太平洋。冬山河是一條頗富傳奇性的河川，早年水患不斷，歷經宜蘭縣政府長期整治，將河道截彎取直，現在已成為一條水位平穩、水流和緩的人工河流，不僅解決了嚴重水患，且因流域四周景觀豐富，而成為宜蘭人引以為傲的觀光旅遊勝地，被稱為「希望之河」。

景點：鄉內有新、舊寮瀑布，梅花湖、森林公園、安農溪分洪堰、仁山苗圃等自然景觀，近年來積極發展休閒農場、休閒茶園、鄉土飲食、觀光果園及著名的冬山河親水公園。

物產：茶、山水梨、文旦柚、蜜桃及山藥等。

照片　冬山鄉平野景觀

照片　冬山鄉平野景觀，雖然冬山河景觀造就了宜蘭奇蹟，但淹水的夢魘未除。

省思：截彎取直的概念值得深思，它真的能永遠解決問題？人不可能勝天，上策不是應該順勢而為？堯舜時期的鯀禹治水誰成功？林憲德（2005）主張「冬山河親水公園是不良生態設計惡例」。的確，我們也同意硬體設施雖能活化當地經濟，然而若能考量生態多樣性的因素創造更自然的空間，達到永續利用的價值豈非雙贏？

5.壯圍

壯圍鄉位居於蘭陽平原中心偏東的陸路要衝，東臨太平洋，境內沙岸長達十餘公里，西濱宜蘭市，蘭陽溪支流宜蘭河下游斜貫而過，北與頭城鎮竹安里、礁溪鄉時潮村接壤，南則隔蘭陽溪與五結鄉相望，昔日「民壯圍」即爲本鄉之舊稱，由濱海之永鎮村、東港村眺望龜山島則是最佳的賞景勝地。本省光復後，原隸臺北縣，稱爲臺北縣壯圍鄉，1950年宜蘭縣設立改稱「宜蘭縣壯圍鄉」迄今。

景點：東港榕樹公園、濱海自行車道、永鎮濱海遊憩區、美學館、休閒觀光果園、有機農場及豐富的寺廟巡禮等。

物產：稻米生產區，所生產的蓬萊稻米香Q質優，被譽爲全台重要穀倉之一，沿蘭陽溪畔北岸的新南、美福蔬菜區，每年生產大量的青蔥、白蒜，而每年端午節前後生產的碩大哈蜜瓜更是媲美新疆哈蜜瓜，馳名海內外。

照片　三星鄉河川景觀

照片　壯圍鄉河川景觀，目前這邊最擔心的是海嘯的侵襲

省思：壯圍有許多農地及溼地，是台灣三大米倉之一，有「哈密瓜的故鄉」之稱。6座觀光果園33間寺廟，在開發的浪潮下，需賴當地有心人士登高一呼來帶動及訓練下一代，保護當地傳統文化與有機農業，避免過度開發及堅持友善大地的耕作方式來永續經營。

6.蘭陽溪口

蘭陽溪流經蘭陽平原緩緩地注入太平洋，濱海公路之興蘭大橋橫跨而過，劃設有水鳥保護區，位於蘭陽溪、宜蘭河及冬山河3條河川匯流處。蘭陽溪挾帶大量砂石，至河口形成沖積平原。加上年雨量高達2千餘公釐，常於夏季水流量豐富時宣洩不及，形成廣大沼澤。這片蘭陽溪河口溼地，每年均吸引大批的水鳥棲息，爲台灣北部地區重要溼地之一。蘭陽溪口三角洲，由蘭陽大橋至出海口，長約7公里，以兩岸堤防爲界，爲潮汐鹽水沼澤和微鹽水沼澤。這裡的大量泥沙和有機物質，造就了複雜的生態體系，無脊椎動物及魚類十分豐富，所以每年都吸引不少水鳥來此避冬或過境。歷年來共有236種的鳥類紀錄。最特殊的是，鷗科終年可見，爲全省可見鷗科種類最多的地方。冬天以紅嘴鷗、黑尾鷗爲主，春夏以鳳頭燕鷗、小燕鷗、鷸科等繁多，在春季北返時，尤其是暮春時節，可見岸鳥一波一波的由南飛臨，朝北歸去，侯鳥遷徙的畫面極其壯觀。

照片 **蘭陽溪流域蘭陽溪河口附近景觀，目前這邊最擔心的是海嘯的侵襲。（下方兩張圖片2014.2.1擷取自：GoogleEarth街景圖2012）**

省思：藉著大自然的條件造成泥灘、草澤、沙洲和農耕地，繼而成為侯鳥驛站也是台灣十二大濕地之一。有此殊榮，可惜相關單位不思索如何小心呵護保育，卻讓上游的污水垃圾，及溪口農耕地加以噴灑農藥、肥料等，使本區遭受嚴重威脅。亟需政府與NGO團體介入保護並加強對居民的環境再教育。

7.五結

五結鄉爲宜蘭縣四個臨海的鄉鎮之一，位於蘭陽平原東南隅，地處蘭陽溪的出海口，向南延伸海岸線長約8公里，屬黑沙質系，東濱太平洋，南與蘇澳鎮、冬山鄉爲鄰，西北隅與三星鄉，西南接羅東鎮，北隔蘭陽溪與員山鄉、宜蘭市、壯圍鄉相望。五結鄉境內近海區域地勢較低，地形景觀以沙岸、河口、沼澤低地爲主，其他地區則屬平原地形，地勢平坦，氣候溫和，土質肥沃，農業發達。冬山河中、下游河段流經本鄉，並在東北方清水附近與蘭陽溪交會出海，形成地理上珍貴的河、海交會地形，孕育了五結鄉豐沛的海洋資源和漁獲，年平均氣溫爲攝氏21.5度，因受季風型氣候之影響，雨量充沛，年降雨日約165天，相對的濕度平均約達85%。

景點：觀光景點如冬山河下游親水公園風景區、國立傳統藝術中心、二結王公廟、四結福德廟土地公金身、蘭陽溪水鳥生態保護區及五十二甲溼地保護區等等。

物產：五結鄉自蘭陽平原開發以來，便是平原的大穀倉。尤其以有「五結米倉」之稱的茅仔寮及一百甲等地，由於地勢平坦，水源充足，更是蘭陽地區稻米生產的重鎭。另蘭陽溪和冬山河流域豐富的水源，造就了五結鄉傳統養鴨事業的輝煌歷史，特產有養生奶與養生皮蛋及花生糖等。

照片　五結鄉蘭陽溪出口、沼澤景觀，是孕育多元化生物的絕佳場所，只怕地震引來的海嘯侵襲

省思：近年來人口呈現增加的好現象，鴨賞、蝦、蘭陽五農米、西瓜、蔥、蒜等一級產業的寶地中，如前述「6.蘭陽溪口」，除了原先令人擔憂的農藥、化肥問題之外，加上紙業及成衣加工場的發展，若不注意排水問題，難道不會對自然生態環境雪上加霜？

8.蘇澳

蘇澳位於蘭陽平原南端，東經122度，北緯24.8度，東濱太平洋畔，西北與冬山、五結兩鄉接壤，西南又與南澳鄉相連，南則有中央山脈阻隔，形成三面環山一面臨海的封閉區域，地勢曲折狹長約40餘公里。地處東亞熱帶氣候，夏季炎熱，冬季多雨。境內約有百分之七十以上是山地，且有蜿蜒海岸線，地理相當特殊。豆腐岬位於南方澳漁港東側，其形成是由一陸連島和連島沙洲連貫而成的地形，又稱爲沙頸岬，其地形呈孤狀，凹槽面向海洋，是台灣沿海地帶中少見的奇景。由於宜蘭具備豐沛的雨量，和蘇澳當地厚實的石灰岩層地形而造成，存於古第三紀地層活動區，湧出地的岩石乃黏板岩及砂岩，而蘊藏得天獨厚的天下奇泉——冷泉，是蘭陽平原上最具特殊景觀的地理環境。無尾港爲一沼澤溼地，由於位在候鳥過境的路徑上，加上溼地特有的豐富水生動植物資源，提供鳥類食物來源，因此本區亦爲台灣地區主要的雁鴨度冬區之一。

景點：武荖坑風景區、蘇澳冷泉公園、豆腐岬風景區、砲台山、內埤海灣風景區及無尾港水鳥保護區。

物產：有冷泉、牛舌餅、海鮮、珊瑚、茭白筍、石灰石及羊羹等。

照片　**蘇澳港附近岩礁景觀，昔日為天然良港，目前人工造岸漸多，如果日後因氣候暖化使海水上升，造成沉降海岸時則會帶來莫大的地形變化。（圖片2014.2.1擷取自：GoogleEarth街景圖2012）**

省思：人口呈現外移現象，宜多加宣傳當地特殊產物：高品質冷泉、特殊地景、海鮮等均能提高當地的觀光價值，尤其適合開發體驗式生態旅遊。前提當然是需要乾淨無毒的空間與環境，加上熱情親切的人文風情。

Chapter 4

中部主要流域的里山

如表2-3-1及圖4-1所示，中部里山由大甲溪流域1,236平方公里；流經台中市、南投縣、宜蘭縣等縣市。濁水溪流域3,157平方公里則涵蓋彰化縣、雲林縣、南投縣、嘉義縣境內。

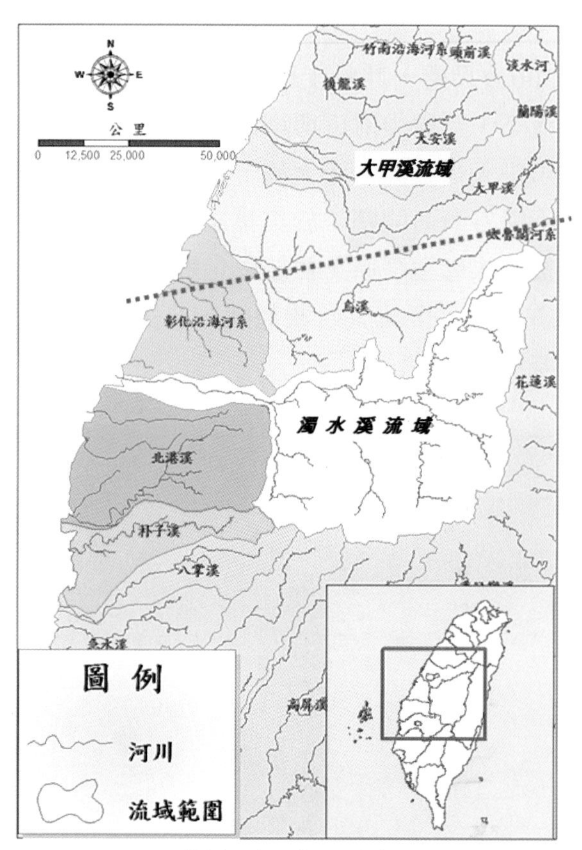

圖4-1　濁水溪、大甲溪流域位置圖

底圖擷取自：經濟部水利署、余紀忠文教基金會林書楷製作2011.10（2014.2.10）http://www.yucc.org.tw/water/spatial/atlas/middle-area/central/view

第一節　濁水溪流域

流域概述

濁水溪，發源於合歡山主峰與東峰間的「左久間鞍部」，大約在標高3,200公尺處，其最上游爲霧社溪，係集合歡山西坡之水，沿縱谷流下，至廬山附近與塔羅灣溪匯流，至萬大附近與萬大溪合流，再併入丹大溪，巒大溪，郡大溪，水里溪，陳有蘭溪等支流，其下河谷漸漸開闊，於集集盆地再納清水溝溪，東埔蚋溪與清水溪後流入彰雲平原，並於彰化縣大城鄉的下海墘村與雲林縣麥寮鄉許厝寮之間流入台灣海峽，全長186.6公里，爲全台灣最長的一條河（圖4-1-1）。

圖4-1-1　濁水溪流域

底圖擷取自行政院環保署（2014.2.10）http://gis.epa.gov.tw/epagis102/MainImageShow.aspx?id=8

濁水溪流域面積共三千餘平方公里，僅次於高屏溪流域，爲全台第二。共計流經四縣市二十一鄉鎮。濁水溪名字是由日本人所命名，因其溪水夾帶大量泥沙，長年混濁，因而得名。上游之山地集水區年降水量達2,000～3,000毫米，且所經地層多屬易受侵蝕的板岩、頁岩、砂岩，故含沙量高，尤以萬大溪、丹大溪爲最高，河口百年洪峰流量僅次於高屏溪。

濁水溪主流上游名爲霧社溪，發源於合歡主峰與合歡山東峰間的佐久間鞍部南側，源頭標高2,880公尺。流至春陽東納塔羅灣溪，續流至萬大和萬大溪匯流後，始稱濁水溪。在神龍橋附近與陳有蘭溪匯流，爲上游段、中游段分界線，經集集攔河堰（林尾隘口），在二水鼻仔頭、林內觸口爲界，中游段在此結束，流出八卦台地與觸口台地之間山口，便流入下游段，經濁水溪沖積平原，在雲林縣麥寮鄉崁厝流入台灣海峽。昔日濁水溪經常河流改道，北流至鹿港，南流至北港，形成濁水溪的氾濫平原。現今主流河幅廣達2～4公里，自東而西，將台灣西部分爲南北兩半。

上游地勢起伏，河道多成萬大水縱谷；落差大，雨量多，水力資源豐富，建有數座水力發電廠，還有頭社水庫、霧社水庫及日月潭水庫，均供水力發電之用。林內鄉以下之河段河水，則用於農田灌溉。

歷史演進

1723年（清雍正元年），台灣由原本的一府三縣，增設彰化縣，濁水溪下游有更多人口遷居，並由濁水溪和烏溪的下游往上游方向開墾。清人施世榜在二水附近興建水圳，灌溉二水和鹿港的農地，稱為施厝圳或八堡圳，後有建有八堡二圳，即是二水地名的由來。濁水溪因河水含沙量大而得名，含沙量記錄冠於全台，遇旱季則缺水，無舟楫航運之利。濁水溪下游為台灣本島西部平原重要農業分界線，以南地區秋冬少雨，為台灣三年輪作區，所以濁水溪自古就被認為是劃分台灣天然和人文一道界線。濁水溪以南是典型的熱帶型氣候，以北是亞熱帶氣候，因為這樣的氣候差異，在日治時代為了發展「工業日本，農業台灣」的計畫，以濁水溪為界，分別在以南勸種甘蔗，以北勸植稻米，而有「南糖北米」的說法。

早期台灣透過港埠口岸交易的商業工會組織稱為「港郊」，至今仍流傳在的口語中的「頂港」、「下港」，即以濁水溪為界；河以北的港口為「頂港」、河以南的港口稱為「下港」，更衍伸成台灣南北人文範圍的分水嶺。另施鈺於《臺灣別錄》中，提到關於濁水溪的描述：「水發源於生番內山，人跡不到之處，傳聞泉脈甚清，南出刺嘴社乃濁，過沙連庄，會貓丹、蠻蠻兩社川流，西導牛相觸山，匯而為溪，水盡淤泥，故名。間或偶見明淨，則頑梗蠢動，歷試皆驗，溪在彰化東螺保地界。在山泉水清，出山溪水濁。君子惡下流，天下皆歸惡。嗟哉此溪水性殊，辱在泥塗惟所樂。藏垢納汙不須譏，幸免民間驚風鶴。」

自然環境

濁水溪流域地形東高西低，坡度由西向東遞增。東以中央山脈為界，分水嶺有能高山、大石公山、丹大山、馬博拉斯山等；

南接台灣第一高峰玉山。

上游佐玖間鞍部至濁水溪與陳有蘭溪合流點的地利地峽，爲濁水溪上游。此段大致成閉塞曲流，高峰錯綜、河谷深邃，其間大斷崖及大崩塌地甚多，地形崎嶇而險峻。濁水溪上游與各支流的會合點，常見明顯的迂迴流路，是該溪上游部分地形特徵之一。流域內高峰在3,000公尺左右者，北有干卓萬山及卓社大山，南有東巒大山及東郡大山；西有治茆山及西巒大山等。

中游自地利地峽至二水橋附近爲濁水溪中游。水流平坦遼闊，自上往下河谷漸行開敞，以河階地形及台地爲主，在清水溪與濁水溪的合流處，主要有平頂埔臺地及竹山河階群；在濁水溪支流東埔蚋溪的兩岸，流經鹿谷鄉形成發達的河階地形，統稱爲鹿谷河階。在鹿谷河階的東方有大水窟臺地，臺地由砂礫層所形成，是濁水溪中游的主要地形之一。中遊北岸屬埔里板岩山地、集集山脈、南投丘陵及八卦台地等；南岸屬玉山山塊、鳳凰山山脈及竹山丘陵等。

下游自集集以下則屬濁水溪河谷地形，沖積扇以二水東南方的鼻子頭隘口爲扇頂向外散開，由扇頂至扇邊達四十公里，是台灣最大的沖積扇；沖積扇上有五條放射狀的河流，分別爲東螺溪、西螺溪、新虎尾溪、舊虎尾溪及北港溪，此五大分流在未整治前形成辮狀亂流，流路相當不穩定，洪水時常氾濫。惟目前濁水溪流域已經由治水，築堤防，將溪水導至西螺溪，其餘分流則因人工整治，各成一單獨流域排水出海。

濁水溪，彷彿似一條傳說中的巨龍，穿行高山、丘陵及平原，沿線由於河川切割侵蝕，而創造出各種天然美景，峽谷、曲流、奇石、山峰、碧巒、斷崖、峭壁、瀑布、高山草原、原始森林、綠色田園，隨著河水蜿蜒而下，四季更迭，景象萬千，不愧爲第一大河。

自然生態

濁水溪流域分布面積廣闊，流域內的地理環境複雜多樣，使境內自然生態體系亦呈現豐富多元化的面貌。

1.動物資源

(1)鳥類：分別在濁水溪下、中、上游之新西螺大橋、龍神橋及春陽三個樣點共記錄到21科4亞科58種鳥類，其中特有種鳥類有紫嘯鶇、冠羽畫眉、白耳畫眉及藪鳥等4種，台灣特有亞種鳥類共22種，以及外來種鳥類白尾八哥1種。列入保育類的鳥類有大冠鷲、隼、紅尾伯勞、鉛色水鶇、白尾鴝、紫繡鶇、畫眉、冠羽畫眉、白耳畫眉、藪鳥及喜鵲等11種。其中在龍神橋站發現的隼屬於瀕臨絕種保育類野生動物；在龍神橋站發現的大冠鷲以及在春陽橋發現的畫眉屬於珍貴稀有之保育類野生動物。而在上游樣點春陽調查到40種鳥類爲濁水溪各樣點之冠。

(2)魚類：於濁水溪共捕獲11科23種魚，包括白鰻、台灣石賓、鯽魚、台灣馬口魚、陳氏鰍鮀、高身小鰾鮈、台灣纓口鰍、灣間爬岩鰍、埔里中華爬岩鰍、中華花鰍、泥鰍、脂鮠、短臀鮠、鯔、棕塘鱧、明潭吻鰕虎、短吻紅斑吻魚虎、香魚、大肚魚、孔雀魚及吳郭魚。以脂鮠最多，其次爲明潭吻鰕虎。數量上以台灣爬岩鰍最多，生物量則以吳郭魚最重。

(3)蝦蟹類：包括粗糙沼蝦、大和沼蝦、貪食沼蝦、台灣沼蝦、日本沼蝦、多齒新米蝦；日本絨螯蟹、字紋弓蟹及拉氏清溪蟹等。

(4)哺乳類：哺乳類動物有台灣小葉鼻蝠、台灣蹄鼻蝠、阿里山天鵝絨尖鼠、台灣黑雄、台灣森鼠、梅花鹿、赤腹松鼠、山羌、常鬃山羊、野豬、食蟹猴、台灣獼猴等行蹤。

(5)兩棲類：萬大水庫區內爲拉杜希氏赤蛙、斯文豪氏赤蛙及虎皮蛙的生長棲息地，另外其他地區還發現梭德氏蛙、澤蛙、斯文豪樹蛙、莫氏樹蛙、白頷樹蛙、褐樹蛙、日本樹蛙、艾氏樹蛙、盤谷蟾蜍等兩棲動物。

(6)爬蟲類：包括紅斑蛇、水蛇、錦蛇等蛇類。

2.植物資源

植物方面則有天然的台灣櫸木、黃連木、台灣欒樹、台灣二葉松、紅檜、鐵杉、楠樹、櫟樹、樟樹、牛樟、台灣肖楠、台灣杉等樹種，還有人工栽植的竹林、油桐、杉木、果樹，還有檳榔及茶樹，樟樹所熬製的樟腦曾是台灣出口的大宗，也造就南投縣集集鎮樟腦業的勝況。濱溪植物方面下游河段多爲草本，中、上游河道深狹處則多喬大木本植物蔭蔽；而水芙蓉在中游之草嶺段很常見，形成壯麗的景觀，兼具保土護坡之功能。

流域里山分類

里山分類	代表地區	地形圖
山林里山	代表地區爲**林內鄉**，林內屬丘陵地，位處於濁水溪與清水溪交會處。依山傍水地勢雄峻，西北部由河流泥砂沈積而成沖積土，爲高經濟農耕地帶，名聞遐邇的濁水米便生產於此地區。本鄉靠近山區，屬熱帶濕潤型氣候。東南半部爲丘陵地區，爲登山健行的好去處。	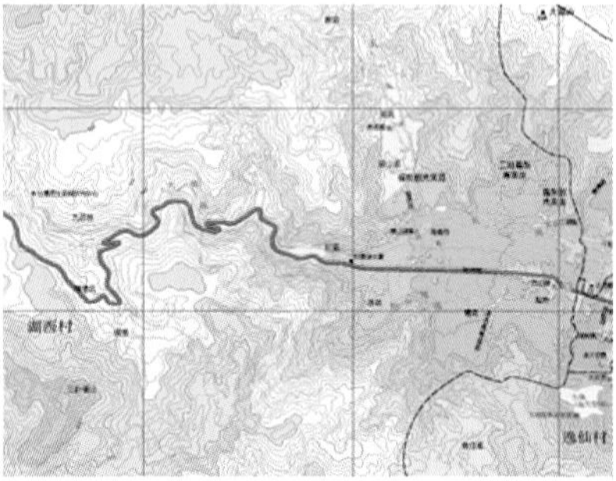
台地里山	代表地區爲**竹山鎭**，竹山鎭位於南投縣西南端，阿里山北稜延伸形成，呈南高北低東山西平。地理上大部分爲丘陵山嶺，東南部爲早期鄒族傳統生活領域。地理屬清濁二水匯合，地型屬山地平原交界。山區河流侵蝕形成的峽谷險峻雄偉，地質景觀獨特。	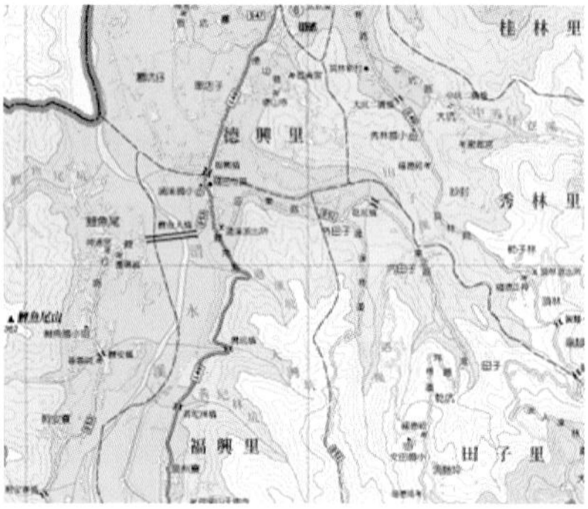

（接下頁）

里山分類	代表地區	地形圖
谷間里山	代表地區爲**水里鄉**，水里鄉位於濁水溪上游，地形變化由東向西降低，南向則屬平緩的台地地形與河谷地形。位南投縣中央，居地理交通上的重要位置。本鄉依山傍水，地勢起伏，介於海拔243～1266公尺間，水里溪貫穿其中，形成狹長之谷地，極富景觀及水利資源。	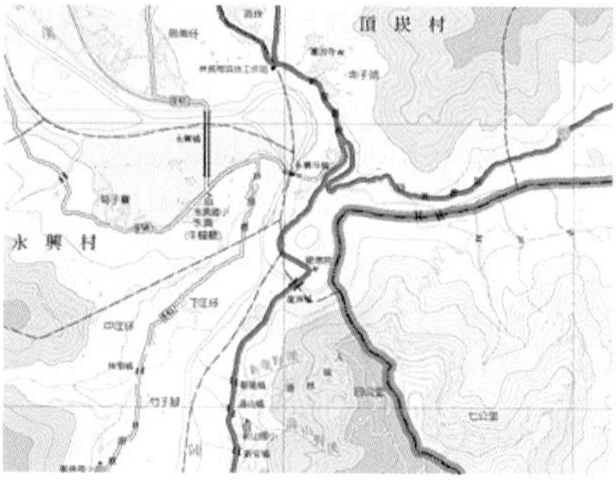
平原里山	代表地區爲二**水鄉**，本鄉兼具平原地形與台地地形的景觀，東北半部屬於八卦台地邊坡區，西南半部屬於濁水溪沖積扇平原區，兩者大致以山腳路爲界。 東北半部在地形上屬於八卦台地南緣，被劃入參山國家風景區內。這是一個典型的農業鄉，地理環境限制及缺乏產業資源，因此無工業污染之困擾，民風敦厚，充滿寧靜、純樸秀麗農鄉風味。	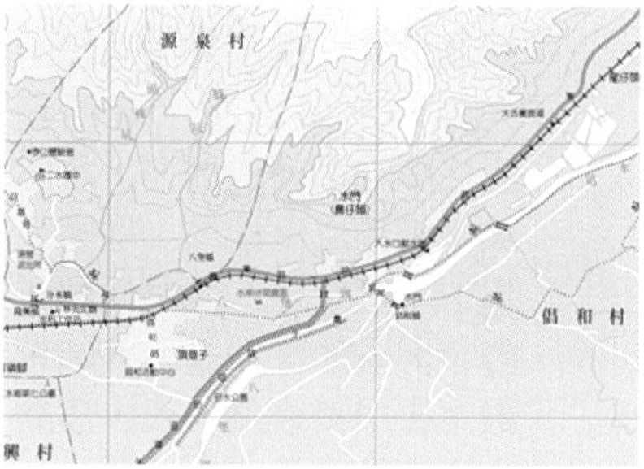

（接下頁）

里山分類	代表地區	地形圖
里川	代表地區為**集集鎮**，境內面積以山居多，四面環山，山間峰嶺重疊；溪流較大者為濁水溪，位於本鎮南方，自東向西流。氣候溫和，雨量充沛，寒暑適宜。近來年，鄉土旅遊風氣興起，集集以其優閒的小鎮風光及鐵道沿線的景觀而廣受歡迎，豐富的旅遊景點，饒富山城特色，吸引無數遊客。	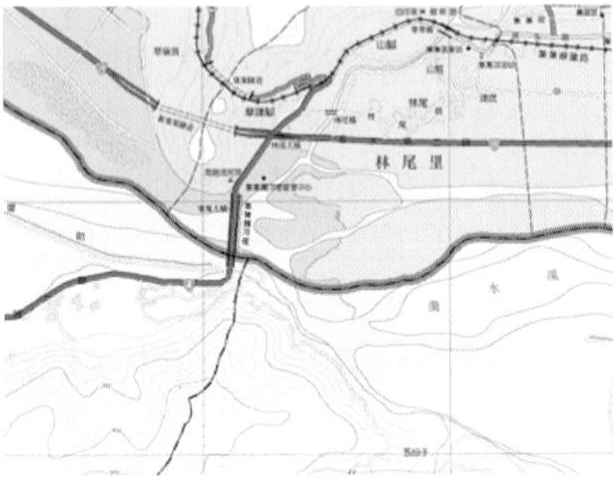
沙濱里海	代表地區為**大城鄉**，本鄉的位置在彰化平原的西南濱海下端，地當濁水溪下游段的入海口，又為濁水溪沖積扇之扇端最南的地方，多為洪水氾濫之沉積物，地勢平坦，土壤肥沃，水源便利，農業與養殖業發達。養殖業最主要以養蜆為代表，農業生產豐饒，為有名的穀倉。其土質亦適合花生與西瓜之生產。	

里山特色潛力點

1.林內

本鄉位雲林縣東北端東臨南投縣竹山鎭，以清水溪爲界，北接彰化縣二水鄉，以濁水溪爲界，西鄰雲林縣莿桐鄉，以嘉南大圳幹線爲界，南毗雲林縣斗六市，以大埔溪爲界。本鄉爲典型農業生活型態之鄉鎭，依山傍水，地勢雄峻、沃野千頃，不僅是雲林縣東北屏障，且位居雲嘉平原北路要衝，爲進入內山之門口。位處於濁水溪與清水溪交會處，好山好水的生態環境吸引紫斑蝶過境與珍貴的台灣八色鳥棲息。

景點：小黃山、烏塗村濁水發電廠、坪頂村古墓群、九芎村鎭安宮楊文麟遺材、林茂村楊逞出鄭氏祖墳華表、湖本村古牛草道、林中村林內神社等。

物產：農作物乃以稻米爲主，雜糧作物以玉米、花生爲大宗，青果蔬菜次之，經濟型之作物有花卉、茶、甘蔗、木瓜、柳橙、白柚、紅內文旦、草莓等。其他產業有拔仔茶、壺底蔭油、林內木瓜、金鑽石鳳梨、林農醬筍、濁水米、雲龍茶、龍眼干、傳統筍乾及檜木浴桶等。

照片　以上為林內鄉山林景觀。我們可以在天然景觀中，看到人工建築物——攔砂壩，而它的功能何在？雖是祥和與世無爭的小鄉村，卻也亟需由下而上的重視與關懷的里山活動。千金難買靜謐的山林田園生活。

省思：典型的「農業鄉」，靠山吃山的狩獵過往，現今則以「八色鳥、紫斑蝶」聞名。而這些都需要非常潔淨的環境才可能產生；如何讓這些珍貴的景象永續存在，實有賴當地居民的環境識覺。另外，如何留住或回流年輕人，則需讓年輕人尊重一級產業的神聖使命；尤其是農林魚牧業，畢竟大家的健康都掌握在他們的手中。

2.竹山

本鎮位於南投縣西南端，濁水溪之南，清水溪之東；東與鹿谷鄉相連；北以濁水溪與集集鎮、名間鄉及彰化縣二水鄉爲界；西以清水溪與雲林縣林內鄉、斗六市相臨；西南與古坑鄉及嘉義縣阿里山鄉爲界，全鎮東西寬約18.5公里，南北長度約23公里，北距南投約18公里，台中約40公里，西北距員林約25公里，彰化約40公里，西南往斗六約17公里，東南距溪頭17公里，東北距集集約14公里，日月潭約20公里。

漢人在南投縣開發史中，林圮埔是第一站，地理屬清濁二水匯合，地型屬山地平原交界。林圮埔是八通關古道起點，有「居中路之心，扼後山之吭」之險，位居通往東台灣之要塞。光緒十三年（1887年）以刺竹三層圍城，設置雲林縣城於此，就是前山第一城。竹山地屬水沙連，跨域漢番地界，山林產業及水圳發達。日治殖民時期，引進企業會社開發竹林木產業，竹子成爲竹山的政治經濟產業印記。近年地方人士積極參與社區營造，竹山產業走向多元竹文化產業之生態旅遊。

景點：竹山文化園區、忘憂森林、紫南宮、杉林溪、太極峽谷及青龍瀑布等。

物產：烏龍茶、金萱茶、翠玉茶、蜜香涎茶、番薯、香菇、冬筍、番石榴、番茄、紫蜜黑葡萄、春筍、桂竹筍、紅龍果、麻竹筍及綠竹筍等。

照片　竹山里山景觀①

照片　竹山里山景觀②

照片　竹山丘陵間景觀，渾然天成，就像是陶淵明尋覓的「桃花源」；只能期待人工開發適可而止。

省思：昔日的糖業、竹林產業被茶葉取代，「皇米」的美名可惜也早已不曾聽聞？民宿經營固然「錢」景一片叫好，然而，如果水土保持的工作不重視，生物多樣化的理念無法傳承，大自然反撲的力量是難以抵擋的。

3.水里

本鄉位於濁水溪上游，居南投縣之中央，東臨魚池鄉，南接信義鄉，西連集集鎮、鹿谷鄉，北臨中寮鄉、國姓鄉，居地理交通上的重要位置。水里在台灣的發展算是較晚的，與台灣西部或北部濱海地區相較之下，屬於晚開發之年輕城鎮。森林相當茂密，林業發達，爲木材集散之中心，目前水里地區仍保留許多木材加工廠。近年配合觀光鐵道，舉辦玩水節、火車好多節及自行車賽事等活動，並結合文化觀光產業，朝向更精緻化及多元化發展，水里已成爲中部重要的休閒旅遊區。

景點：火車站、蛇窯、玉山國家公園、石觀音車埕、二坪山、明湖水庫、奕青酒莊、車埕酒莊親水公園、永興吊橋、明湖水庫、石觀音吊橋、益則坑親水公園及土石流觀景區等。

物產：茂谷柑、山芹菜、香菇、青梅、鹿茸、甜蜜桃、水蜜桃、荔枝、麻竹筍、龍眼、椪柑、蜜柚、蜜釋迦、葡萄柚、臍橙及柳丁等。

照片 水里溪谷景觀，漂亮的溪谷景觀，可惜多了水泥護岸和「肉粽角」—消波塊的蹤跡，它們對維護環境眞的有用嗎？

省思：過去有「小台北」之稱，可惜人口日漸減少。既然過去盛極一時，傳統建築想必能轉型為當地的賣點，須知「十年景觀、百年風景、千年風土」，人類用怪手在幾分鐘內就能將好不容易孕育的百年風景摧毀殆盡。U型寬闊的河道，鋼筋水泥的護岸，讓居民的私人建築物可以緊鄰著護岸邊密集地興建起來，但看了此景難道不令人頭皮發麻？環境教育何需另覓地點，到處都是，不是嗎？

4.集集

本鎮東與水里鄉爲界，西與名間鄉、竹山鎮爲鄰，南隔濁水溪與鹿谷鄉接壤，北連中寮鄉，屬縣下內腹鄉鎮，全鎮面積49.72平方公里，海拔最低處爲230公尺，最高處爲集集大山1392公尺，境內面積以山居多，四面環山，山間峰嶺重疊；溪流較大者爲濁水溪，位於本鎮南方，自東向西流，發源於中央山脈新高支流，陳有蘭溪等，次爲北面之清水溪，其於山谷小流頗多，均匯聚濁水溪西流入海。本鎮在清乾隆以前仍屬山野荒蕪之地，原住民雜居之處，至乾隆45年方開墾成田園，此後由外界逐漸遷入者衆，居民日廣逐漸伸展散布。集集鎮豐富的旅遊景點吸引許多民衆來到集集旅遊，並體驗最具代表性的集集文化。

景點：明新書院、開闢鴻荒碣、化及蠻貊碣、特有生物保育中心、武昌宮、添興窯、集集火車站、目仔窯、集集隧道、集集攔河堰、集集大山及綠色隧道等。

物產：香蕉、糯米荔枝、火龍果、世紀芭樂、巨峰葡萄等。

照片 **集集鎮濁水溪附近景觀；經歷過1999年9月21日大地震，盛極一時生態工法的真諦，現今似乎已被人們拋在腦後。**

省思：人口數呈現減少趨勢，1920年代以木材、稻米、香蕉等產業的關係曾經風光一時，1980年代萬事皆空進入衰退期，1990年代觀光業主導，推展精緻農業而翻身。然而，人數還是減少時，是否值得主事者思考，為何鎮民不回流？還是回不來？如何永續經營地方，端賴主事者的智慧。

5.二水

本鄉位於本省中心略偏於西，爲彰化縣最南端的一個小鄉鎮。本鄉東北枕八卦山脈與南投縣交界，南隔濁水溪與雲林縣林內鄉相望，東端接南投縣名間鄉、竹山鎮，西鄰本縣溪州鄉，北與田中鎮毗鄰。二水鄉雖然濱臨台灣最大河川濁水溪，但因該溪水淺多砂石，並無任何舟楫之利，交通仍以陸路爲主，包括鐵路及公路。臺鐵縱貫線以西北－東南走向貫穿本鄉中部精華區。因瀕臨濁水溪，水利工程建設完善，先天具有優良的農業發展條件。二水鄉山林面積大，但屬保安林區，林業以造林保育爲主。近年來大力推廣休閒農業。二水濱臨濁水溪，以溪石製作而成的濁水溪硯遠近馳名。

城鄉小鎮的二水，有傲視彰化平原的八卦山脈，臺灣最長的濁水溪和古老三大埤圳之一的八堡圳，名聞遐邇的林先生廟、文人雅士夢寐以求的螺溪石硯、臺灣最低海拔獼猴保護區、集集線火車、縱貫鐵路、豐柏登山健行步道及觀光自行車園道；歷史節慶跑水節活動等，更有豐實甜美的農特產品。好山好水的田野風光，可體驗田園饗宴及八堡圳源尋根探源之旅。

景點：有台灣獼猴生態教育館、大丘園休閒農場、引水公園、水車休閒農園、坑內坑螢火蟲復育區、鼻子頭休閒農園、蓮荷果休閒農園及親子公園等。

物產：本鄉水稻種植面積最廣，其餘種植如甘蔗、竹筍、苦瓜、檳榔、白柚、荔枝、香蕉等。

照片　二水鄉田園景觀，難道不又是台灣的「桃花源」？

省思：二水鄉無工業污染之困擾、無污染、山青翠且八堡圳的水源遠流長造就「台灣米倉」。可惜，人口數也是逐漸遞減，如何讓年輕人留下來是重要的課題。農耕地若遭賤賣則處境堪憐，古有名言「有土斯有財」、「留得青山在，不怕沒柴燒」，下一步則是如何與大地交易，合則得以永續經營，此時就需要「細水長流」了，不是嗎？

6.大城

本鄉位置在彰化平原的西南濱海下端，地當濁水溪下游段的入海口，又為濁水溪沖積扇之扇端最南的地方，彰化縣沿海六鄉鎮之一，為濁水溪出海口北岸，東為竹塘鄉、西鄰台灣海峽、南隔濁水溪與雲林縣麥寮鄉相望、北鄰芳苑鄉與二林鎮，是一典型風頭水尾的鄉鎮。本鄉人口約有一萬八千餘人，總面積約64萬平方公里，各村落人口並不密集，惟因受限於地形及氣候，不利耕作，人口有逐漸減少趨勢。本鄉起於康熙末年至雍正年間，由福建泉州人來此開墾，所以居民大多信奉王爺與保生大帝。轄內西港村北端生態豐富，經年有小白鷺、牛背鷺、夜鷺等水禽繁衍。

景點：大城運動公園、尤厝農場、公館沙崙鷺鷥區、興山公園等。

物產：本鄉居民多以農業及水產養殖為主，西瓜、花生、鴨肉、黃金蜆為主要地方特產。

照片　**大城鄉濱海景觀，南部的麥寮六輕，將討海人的海域侵佔後；難道直接、間接上我們不是環境難民？**

省思：一如前面幾個沿海小鄉鎮，人口數逐年遞減，是否與西部沿海逐漸形成之石化工業區有關，值得社會大衆關注！環境與開發孰重孰輕？如同要選擇「地球」還是「黃金」一般。如何讓年輕人留下來且活的健康、快樂，值得大家共同深思探索未來如何選擇。

第二節　大甲溪流域

流域概述

大甲溪是台灣中部重要的河川，屬於中央管河川，主流上游爲南湖溪，其源流中央尖溪發源於南湖大山東峰（標高3,632公尺），流域主要分布於台中市，並包括南投縣、宜蘭縣之一小部分。南湖溪流至730林道環山檢查哨附近與發源自南投縣仁愛鄉的大支流合歡溪匯合後，續流至台七甲線65.5公里處（清泉橋與太保久間）與另一大支流伊卡丸溪匯流後，始稱大甲溪。流經梨山、佳陽、德基、谷關、白冷、馬鞍等聚落，流入東勢區、新社區後，逐漸進入平地，後流經石岡區、豐原區、后里區、神岡區、外埔區、清水區、大甲區及大安區，最後注入台灣海峽（圖4-2-1）。

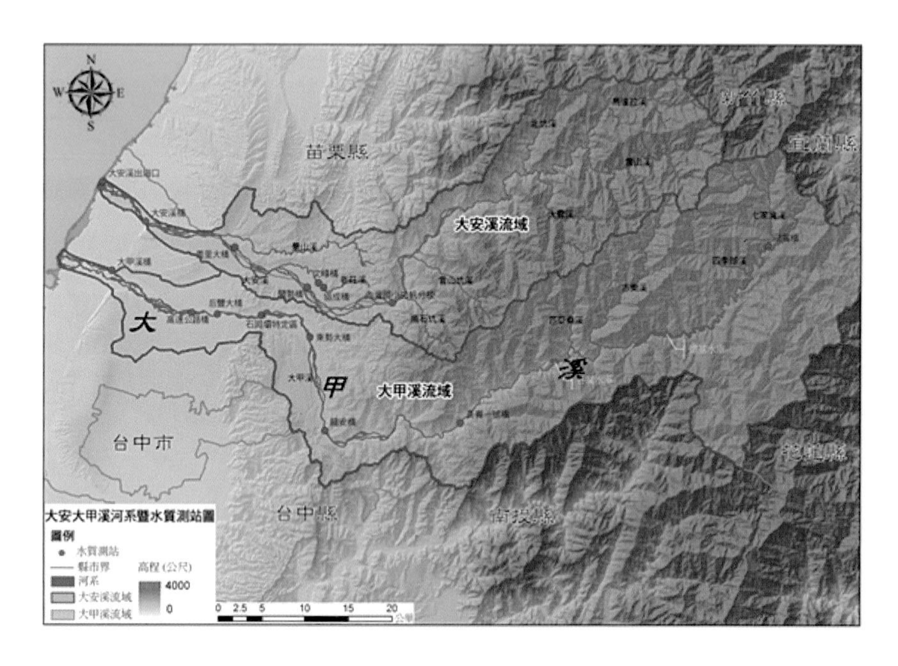

圖4-2-1　大甲溪流域

底圖擷取自行政院環保署（2014.2.10）http://gis.epa.gov.tw/epagis102/MainImageShow.aspx?id=6

大甲溪主流長度共124.2公里，流域面積1235.73平方公里，年平均流量約31立方公尺／秒，主要支流有七家灣溪、有勝溪、南湖溪、志樂溪、匹亞桑溪、小雪溪、鞍馬溪、馬崙溪、稍來溪、十文溪、東卯溪、橫流溪、麻竹坑溪及沙連河等。大甲溪的發源地海拔超過3500公尺，河川坡度陡急，平均坡降為百分之二點六，因此富含豐富的水力資源，係台灣水力資源最豐沛的河川。加上大甲溪河谷兩側又係堅硬的岩層，因此具有興建水壩的良好條件。由東至西，目前共建有德基水庫、青山水庫、谷關水庫、天輪水庫、馬鞍水庫、石岡水壩等水庫，除了提供民生用水外，其水力發電功能亦為大甲溪水資源利用之重心。

大甲溪為台灣第三大河流，北鄰大安溪，南界烏溪，流域多屬山嶺與台地約占90%，平地僅占10%。本溪發源於中央山脈之次高山及南湖大山，流經梨山、佳陽至達見，河幅較寬廣，以下則成帶形，經谷關、白冷、馬鞍寮至東勢流入平原，在梧棲北側頭北厝注入台灣海峽，分水嶺高峰多在三千公尺以上為典型急流河川。其上游有七家灣溪、合歡溪及南湖溪三大支流，於蘇木匯合順流而下至太保久附近與伊卡丸溪匯合後始名大甲溪，至德基以下三公里處，有發源於火石山的志樂溪來匯，沿途再納假名字溪、太亞桑溪、小雪溪、馬崙溪、鞍馬溪、十文溪、裡冷溪、東卯溪、砂蓮溪、至鞍馬寮折向北流，經水底寮、大南抵東勢，復西行，納中料溪，過石岡西流入海，全溪呈開口向西的狹長袋形。大小支流共22條，溪長124.2公里，流域面積1235.73平方公里，流域經宜蘭縣太平鄉、南投縣仁愛鄉、台中市豐原區、東勢區、大甲區、清水區、和平區、新社區、石岡區、后里區、神岡區、外埔區及大安區等三縣十三鄉區。

大甲溪流域地形複雜，流域呈現亞熱帶、暖溫帶到冷溫帶等各個不同之氣候帶。流域東西狹長，高度距離差異大，上游梨山地區年均溫約在15度，中游達見至谷關、東勢鎭、新社鄉一帶在19度上下，下游沿海五鄉鎭，溫度在20～25度。流域呈現亞熱帶、暖溫帶到冷溫帶等各個不同之氣候帶。流域東部因山嶽重疊，故地形雨頗爲豐富，特別是上游和平鄉東半部脊樑山麓一帶，每次的降雨量常超過15毫米，容易造成土壤沖刷及洪患。而西部沿海地區，地勢低，降雨量少，以分佈情形而言，上游年雨量在3000～3500mm之間，谷關至石岡的中下游地區，約在2000～2500mm左右，下游沿海及盆地區則在1500～2000mm左右。

歷史演進

大甲溪上游地勢陡峻，山高谷深，沿溪由達見至石岡六十餘里的流程，落差達一千兩百公尺，因而造就大甲溪成爲台灣水力資源最重要的河川，除供沿岸居民生活所需的水源，也被大幅開發做爲電力能源。一九三八年，日治政府發表新高港（今梧棲港）之開發計劃，爲供應港區工業發展所需，故選中大甲溪流域爲電源候補區，次年，開始籌劃興建達見水庫，預計八年完成，整個大甲溪流域的開發漸漸具體化，其中亦決定由達見至石岡間興建八座電廠，但最後只建了天冷及社寮角兩座電廠。

二次大戰後，因戰爭及天災，電力損害嚴重，加上社會發展的需求，所以政府極力進行各種天然資源的開發工作，民國四十三年，由經濟部會同有關單位組成「大甲溪計劃委員會」，後來改名爲「水資源統一規劃委員會大甲溪工作處」，以推動灌溉、發電、防洪等多目標開發，並著手興建德基水庫，總計整個計畫設置六座大型電廠，位在高海拔的德基大壩其雙曲線的薄拱壩設計，及高一百八十公尺的壩體，曾是當時社會的驕傲，隨著社會演變，當年佔總發電量50%的水力電能，如今不到10%，大甲溪電力的開發，對當年困頓的台灣社會的確功不可沒，然而水壩之興建，造成河川水域面積減縮、魚類棲息範圍減少、河川自淨能力衰退等，衍生環境生態問題。

自然環境

大甲溪流域的地形大多屬山嶺與台地，是屬於典型的急流型河川，擁有全台灣最豐富的水力資源，所以在大甲溪流域當中一共開發了5個水庫與發電廠。由於大甲溪流域面積廣大，所以也孕育了非常豐富的河水及河濱生物，有很多台灣溪流的代表性鳥類，在這裡都可以找到牠們的蹤跡。

大甲溪流域多山多水，所以地形景觀的變化非常大，豐富而多樣。上游地區—上游地段由於山脈起伏相當大，所以河道的坡度陡峭，以至於河川的水流快速。在這裡我們能夠看到的地形有沖積扇、河階、角階與環流丘等特殊景觀。中游地區—河流到了德基，周圍地形開始有比較大的轉變。大甲溪兩岸的山嶺、溪谷慢慢變得狹窄、河床的坡降度更大，水流的速度也變得更急更快，是典型的峽谷地形。大甲溪流域到了谷關以下20公里的地方，由於地勢比較寬廣而且平緩，水流速度也逐漸變慢，所以上游攜帶下來的砂石也就紛紛沉澱、堆積。下游地區—河流到了石岡，是爲大甲溪下游沖積扇的扇頂位置。從石岡以下到河口大約長30公里的面積，泥砂沉澱、堆積成一個沖積扇。接著流入平原，河床上佈滿是泥沙、石礫與許多由上游帶來的沉積物。

社經發展

在大甲溪流域的區域內一共有11個鄉鎮市區，人口大部分集中在下游的平原地區，其他如上游的德基水庫集水區也有部分散居的居民，但人仍以中、下游的居住人數比較多比較密集，尤其以台中市豐原區居住人口爲數最多。大甲溪周圍的土地多半利用在農業的發展與開發，以農業爲主的大甲溪流域農產品以稻米的產量最多，其他農作物還有檳榔、梨子、蘋果、水蜜桃、柑橘、香蕉等。

支流概況

大甲溪比較重要的上游支流有：七家灣溪、雪山溪、有勝溪、伊卡頁溪、四季朗溪、南湖溪、合歡溪以及志樂溪。大甲溪上游高山環繞，上游的七家灣溪、雪山溪、有勝溪等三大主要支流在蘇木會合後順流而下，流到了太保久附近與伊卡頁溪匯合後而成爲大甲溪幹流，大甲溪中游的地形起伏較大、河床陡急，匯流後的大甲溪幹流經過谷關、白冷、馬鞍寮，一直走到東勢流入下游的平原地形。下游地形由於進入平原地帶，所以坡度平緩，大甲溪過了石岡以後緩緩向西流走，在清水區和大安區交界附近注入台灣海峽。

流域里山分類

里山分類	代表地區	地形圖
山林里山	代表地區爲**東勢**，本區地形東南高西南低，其地勢隨大甲溪之流向形成南北向沿岸河階傾斜之長條獨立地形，大甲溪與豐勢路之間，有一南北地塹，落差形成都市發展之天然障礙。區內丘陵起伏，平地分布於大甲溪東岸，大部分爲陡峻山地，地勢高峭。受氣候、地形影響，雨量充沛，氣候溫和宜人。	
台地里山	代表地區爲**新社**，新社區境內佔多數地形是屬於河階台地面，爲大甲溪受到蓬萊運動影響形成數階的台地。氣候屬亞熱帶氣候，由於群山環繞，多地形雨。新社風光明媚、氣候溫和、環境優雅，美景彷彿台北陽明山。因開發較晚，保留了許多的原始林， 形成了山林美景，自然環境幽美舒適。	

（接下頁）

里山分類	代表地區	地形圖
谷間里山	代表地區爲和平，本區主要爲雪山山脈與中央山脈等高山密布，境內衆多大小河流所生成曲流、沖積扇、河階、通谷、瀑布等地形景觀。群山環護大甲溪流域，青山綠水，森林遍佈，獨具風姿的壯麗山川景觀冠絕全台。豐沛的觀光資源與盛產的高山蔬果農產品爲本區經濟命脈。	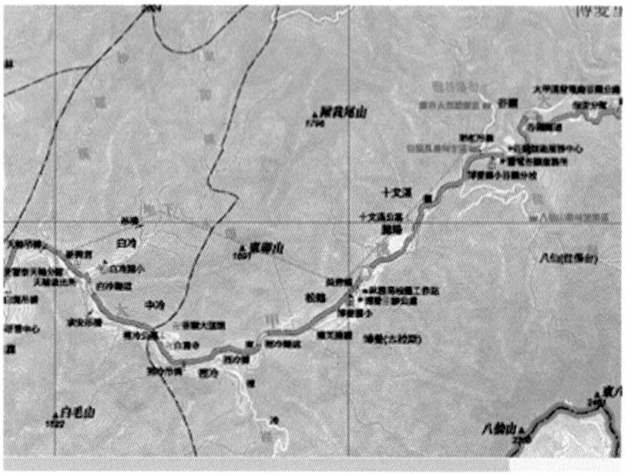
平原里山	代表地區爲后里，后里位於大安溪、大甲溪兩溪之間，大甲沖積扇平原以東，東勢丘陵區以西，地形從東北逐漸向西南緩降，屬於亞熱帶季風氣候，冬季乾旱、夏季高溫多雨，適宜農作生產及其他經濟活動。后里區爲典型之農業區，農作物以花卉爲大宗，美不勝收，極具地方特色。	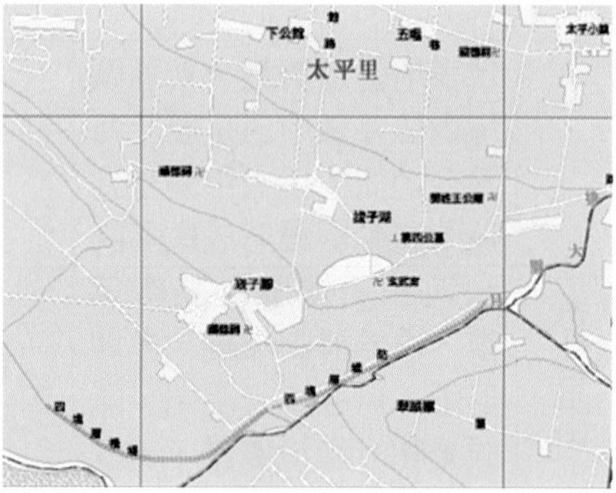

里山分類	代表地區	地形圖
里川	代表地區爲**石岡**，本區東西略寬，南北稍窄，呈一東西横置之葉形狀。境內西南環山，東北沿大甲溪由東向西，形成大甲溪中游河谷平原；在地形上以河谷平原及河階地爲主體，南緣一帶多小山脈，呈東西走向。大甲溪不僅水資源充沛，溪中生態更是豐富多樣。	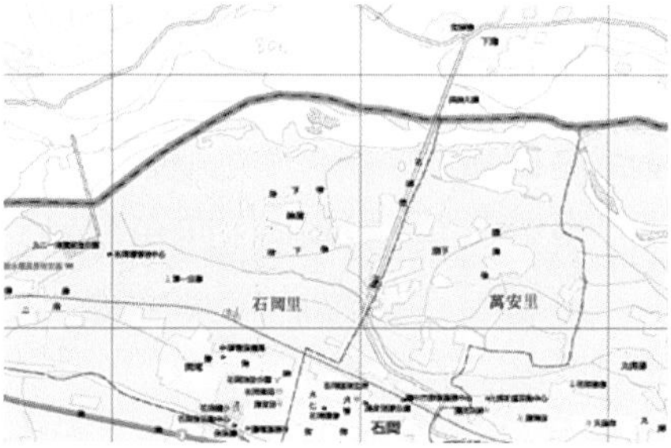 石岡里 萬安里 石岡
沙濱里海	代表地區**清水**，清水區夾於大甲溪與大肚溪之間，地表隆起，坡度平緩，呈現一處濱臨海洋與河岸的沖積平原，爲現代沖積層地質，內富砂、粉砂、礫石及黏土，溪口有高美濕地，自然景觀生態豐富。屬溫暖冬季寡雨氣候。	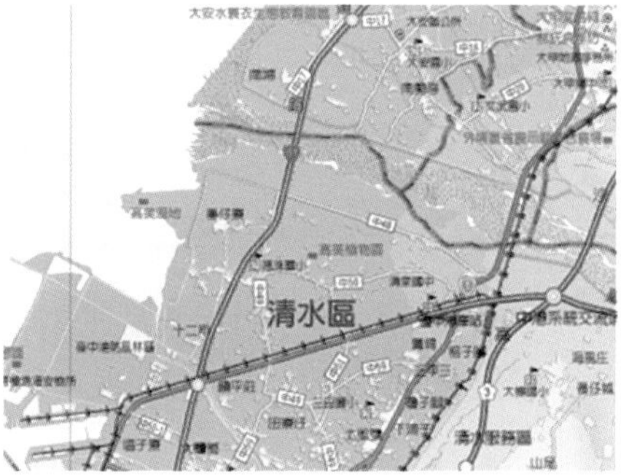 清水區

里山特色潛力點

1.東勢

東勢區位於臺中市中部偏東地區，東鄰和平鄉，西連石岡區、后里區，南以大甲溪與新社相爲界，北隔大安溪與卓蘭鎮眺望，爲東西橫貫公路（台八線）之起點，及台三縣公路沿縣鄉鎮之一。境內山巒起伏，地勢自南向北傾斜，鎮內有石角溪、中嵙溪蜿蜒向西流穿本鎮中央，爲一半山間之丘陵地區。本鎮屬亞熱帶季風氣候，但因地勢較高且東臨中央山脈，受地型與風向影響，雨量較爲充沛，氣候溫和宜人，爲一自然景觀秀麗與富人文發展之山城。

景點：東勢林場、四角林林場、東勢河濱公園、

東豐自行車綠廊、大安溪大峽谷、東勢客家文物館、東勢文昌廟及義渡碑坊等。

物產：有高接梨、桶柑、巨峰葡萄及甜柿等。

照片 **東勢山間景觀，只要沒有人爲破壞自然生態，君不見到處都能比擬爲桃花源。**

省思：歷經1999年921大地震，重創後痛定思痛，自2002年開始投入國際安全社區認證，並在2005年認證成功，成為全球第一個客家安全社區。如此可見居民具有反省能力；若能加強居民相關環境荷爾蒙等問題的嚴重性，相信有機農耕、與自然共生社會的形成指日可待。

2.新社

新社區位於臺中市中部偏東，輪廓略呈扭曲之西北——東南走向長條形。東北部隔大甲溪與東勢區相望，東與和平區爲鄰，南與南投縣國姓鄉爲界，西南與太平區、北屯區連接，西爲豐原區，北爲石岡區。新社區的地形相當複雜，區域主要分爲山地、丘陵、台地，群山環繞，東隔大甲溪與東勢區、和平區相望，年平均溫攝氏二十二度，風土、氣候都適合農業生產。新社河階群無論在地形、地質，或動植物方面，自然資源豐富，有台地、河階、河階崖、曲流、攻擊坡、切割坡、堆積坡、沙洲、氾濫平原，還有地層露頭、斷層、不整合、透水層、不透水層、堰塞湖遺跡等地形。新社區是擁有山水和田園之美的好地方，境內多是務農的客家語系居民，民風純樸。新社區是盛產葡萄、枇杷、高接梨的水果之鄉，夏季蔬菜名聞全台。休閒農業資源豐富，有負責國家種苗培育和研究工作的種苗繁殖改良場，場內老樹參天、林蔭濃密，是踏青的好地方。

景點：新社花海、新社莊園、酒桶山風景區、白冷圳、薰衣草森林及中和村親水公園等。

物產：葡萄、枇杷、高接梨、柑橘及花卉等。

照片 **新社台地景觀，在88風災後人們終於可以明白，上游的森林區之水土保持能否確實做到，會影響整個中、下游的景觀。**

照片最右下2014.2.12擷取自：GoogleEarth街景圖

省思：過去是原住民狩獵區，舒適怡人的氣候，獨特的河階地形造就出豐富的景觀樣貌與生態多樣性，如果上游的大地工程能堅持徹底的生態工法，加上有機農耕，則巧奪天工未經污染的山林景緻與流水，定能吸引越來越多的生態旅遊愛好者的駐足。

3.和平

和平區位於台中市東北角，地形東西寬廣，南北狹窄，面積約一千多平方公里，占全市面積最爲遼闊的區。本區與新竹、宜蘭、花蓮、南投、苗栗等五個縣接臨，縣界最長。高山與溪谷是天然的界線。東邊以中央脊樑山脈南湖大山諸山群，和花蓮縣毗鄰。東北方由南湖大山到桃山與宜蘭相接。北面雪山山脈、大安溪谷爲天然界線，和新竹、苗栗相鄰。南面接合歡山、大庾嶺與南投縣爲鄰。西接本縣的東勢區。有大甲溪貫穿，西半部氣候屬溫帶、東部爲高地氣候，氣溫呈現西高東低的情況。

景點：本區有雪霸國家公園、武陵國家森林遊樂區、大雪山森林遊樂區、八仙山森林遊樂區、參山國家風景區、谷關風景區、梨山風景區、福壽山農場、武陵農場、裡冷部落及德基水庫等著名景點。

物產：有椪柑、高接梨、甜柿，和平區東部則盛產蘋果、梨、水蜜桃、高山茶葉、高冷蔬菜、蜂蜜等，爲台灣地區高冷蔬菜的主要提供地。其中武陵農場七家灣溪流域是台灣櫻花鉤吻鮭的故鄉。

照片 **和平谷間景觀。如果土石流教室的設立，依然無法喚醒當局重視居民住的安全；在上游不樂見的高樓景觀，甚至還蓋在河邊，其安全令人擔憂。**

照片之中右及下2014.2.12擷取自：GoogleEarth街景圖

省思：本區山川景觀素有東方小瑞士之美稱，豐沛的觀光資源與盛產的高山蔬果農產品，是本區最重要的經濟來源。然而，如果水土保持的內涵無法被正確執行；例如假借生態工法行生態破壞之實，或是無視環境荷爾蒙的問題以傳統農法施作，則難以永續經營。甚至四季氣候舒爽宜人，也是國內外遊客避夏消暑的觀光勝地將消失無蹤。

4.后里

后里區位於台中市北翼，古稱「內埔」，屬於土著拍宰海族（Pazeh）岸裡舊社群之地域。北隔大安溪，和苗栗縣相接；南隔大甲溪，與神岡區、豐原區相臨；西連月眉山與外埔區爲界；東以埤頭山與東勢區爲鄰，地理環境自成風格，氣候宜人、資源豐富，是個擁有好山好水且地靈人傑的好地方。后里區五分之四的面積屬於台地地形，另五分之一爲丘陵地形；后里台地位於大安、大甲兩溪之間，大甲沖積扇平原以東，東勢丘陵區以西，地形走勢從東北側的海拔300公尺，逐漸向西南緩降 成為120公尺。

景點：有泰安車站、天馬農場、麗寶樂園-馬拉灣、月眉觀光糖廠、后里馬場、泰安登山步道、日月神木、后豐鐵馬道等。

物產：以稻米、蔬菜、葡萄、花卉、馬鈴薯、高接梨為主。近年結合薩克斯風等樂器製造及后豐鐵馬道、舊山線鐵道泰安園區等，以發展地方觀光產業。花卉種類繁多，以劍蘭、百合、火鶴為大宗，梨、柿、葡萄露名聞遐邇。

照片　**后里平原農稼景觀。都市周圍尚有如此靜謐的田園景觀，只是水泥化嚴重，給人生硬的感覺不若泥土來的柔軟。圳體的不透水性，只能期待是水田流出的排水專用，而非人能接觸的清水。**

照片2014.2.12擷取自：GoogleEarth街景圖

省思：好山好水、地靈人傑、農業、經濟作物或其他高科技產業在交通暢通的后里，可謂得天獨厚。尤其是花卉種植面積及產量，已居全國第二位；這些我們都期待能永續，尤其在食安問題、環境荷爾蒙的問題等的解決，都需要在地的NGO團體及居民的協力才能促成，對「下一代負責」是世代交替的諍言。

5.石岡

石岡區位於台中市東北部，介於大甲溪與新社河階群間之大甲溪中游之通谷地帶。東北隔大甲溪與東勢鎭爲界，南與新社相銜接。地勢西南屛山，北緣大甲溪而近山岳，中間有狹長平原，東西略寬，南北稍窄，呈一東西橫置枝葉形狀。沿大甲溪南岸而展開，氣候溫和，民風純樸，自成天然堡壘。石岡區爲一歷史悠久的客家聚落，伙房林立，尤其以土牛社區爲台灣中部早期客家墾拓之重要聚落。清乾隆年間，粵籍移民來此開墾，由於與原住民頻發生衝突，官方遂於乾隆年間勘定界址，立碑以禁止漢人進入私墾，並挖壕溝爲土牛溝、堆築挖出之土造19座之土牛堆，土牛因而得名，而「土牛界碑」則代表客家族群與原住民間特殊歷史及空間地標上的意義。

景點：石岡水壩、石忠宮、情人木橋、五福臨門神木、樹之王觀光植物花園及東豐綠色走廊。

物產：石岡區因為獨特的地形、山勢、氣候、河流等天然資源，非常適宜栽種各類水果。寄接梨是高經濟作物，主要的品種有豐水梨、幸水梨和新興梨等。椪柑亦為大宗的水果，其他還有義大利葡萄、楊桃、紅柿、柳松茸、芭樂和桃子等。

照片 **石岡溪流景觀，石岡水壩頗負盛名，河川岸邊的土牛傳奇故事，迄今還嗷嗷上口。**

下面兩張照片2014.2.12擷取自：GoogleEarth街景圖

省思：官方網站沒有資料顯示石岡有古蹟，然而真的沒有古蹟嗎？石岡水壩、八寶電火圳、劉家古厝、日式穀倉、梅子古道等，難道不足以成古蹟？也罷，那前兩項假以時日不但是現在進行式的設施也是非比尋常活的技術性教科書，自然也是古蹟。里山活動重視人與自然共生社區，當然也非常重視當地的文化與傳統技術及其傳承，堅持過去幾十年能養活當地人，當然也能養活下一個世代，前提就是要善待大地，不要將土地資源消耗殆盡。

6.清水

本區位於臺中市西部，北以大甲溪爲界，南與沙鹿區比鄰，東瀕鰲峰山，西控台中港與梧棲區銜接，縱貫十數里，依山傍水，沃野一片。區內依地區性質又可劃分爲五區：東爲大楊區，以鰲峰山爲界，係一丘陵地帶，農產以旱作爲主。西部平原除清水街區爲市街型態外，其餘如大秀、高美、三田均爲散村，平疇沃野、畎畝交錯，農作以水稻、蔬菜爲大宗，爲一稻穀盛產地。本區以自然環境而言，在地理上得天獨厚，有山之險、有海之利，自古以來即爲軍事、文化、經濟及交通之重鎭。

景點：高美濕地風景區、台中港區藝術中心、梧棲觀光漁市、牛罵頭文化園區、五福圳自行車道、鰲峰山運動公園及清水紫雲巖等。

物產：本鎮係一爲典型農業鎮，土地使用多爲農牧使用，東以大楊區旱作爲主，西除清水街區爲市鎮型態外，餘如大秀、高美、三田區等皆以稻作爲主，蔬菜次之，白韭菜專區爲本地特產之一。東部皆爲旱作，養雞業爲次，作物以甘藷、玉米、高粱及蘿蔔爲主。

照片　**清水濱海景觀，風力發電廣布，雖屬綠色能源，理應推廣，然亦不能影響視覺景觀之餘，是否合乎經濟效益也待觀察。**

右下照片2014.2.12擷取自：GoogleEarth街景圖

省思：果然，所有資料焦點均放在陸地，實在很悵然，台灣明明是座島，四處都是海，卻很忽略漁夫，在此作者願對所有漁民致歉。近海豐富的生態是珍貴的，島國中的污水若恣意放流，循環回來還是你我遭殃。近海的環境荷爾蒙問題不容小覷，高美濕地要保護，全國首創最資深的首座魚貨直銷中心——梧棲觀光漁港，作者期待永續經營，則至少近海的海水環境（例如：水質等）需要監測，對於撈捕作業等的規範也最好能有一套完整規劃，以保障國人食的安全與健康。

Chapter 5

南部主要流域的里山

如表2-3-1及圖5-1所示，南部里山由高屏溪流域3,257平方公里；涵蓋高雄市、屏東縣、嘉義縣、南投縣等縣市。曾文溪流域1,176平方公里則流經台南市、嘉義縣、高雄市。

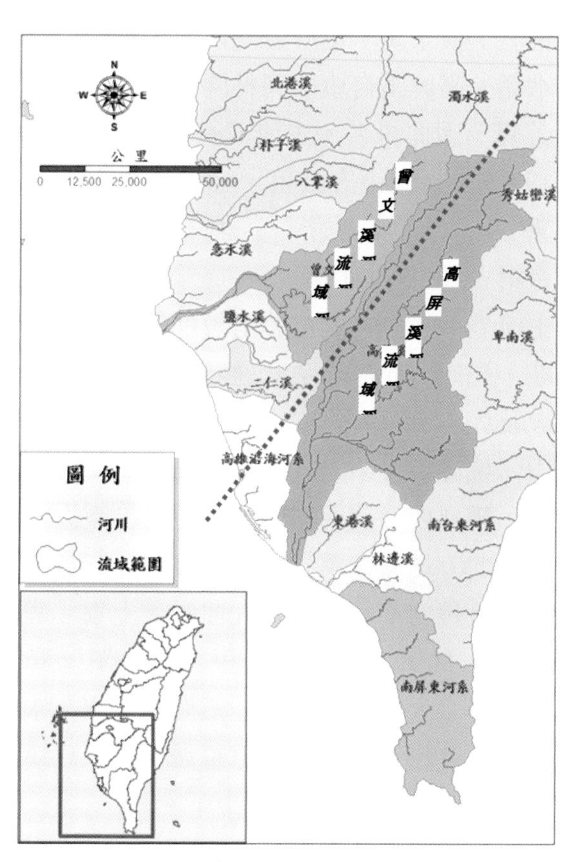

圖5-1　曾文溪、高屏溪流域位置圖

底圖擷取自：經濟部水利署、余紀忠文教基金會林書楷製作2011.10（2014.2.10）http://www.yucc.org.tw/water/spatial/atlas/north-area/south-area/view

第一節　高屏溪流域

流域概述

高屏溪舊名下淡水溪，位於台灣南部，爲一中央管河川，長度僅次於濁水溪。高屏溪自旗山到林園工業區出海，正好是高雄縣與屏東縣分隔，因此得名。主流河長171公里，爲全台第二長河；流域面積廣達3,256平方公里，分布於南投縣南端、嘉義縣東端、台東縣西端，以及高雄市、屏東縣的23個鄉鎮市區，流域面積爲全台第一（圖5-1-1）。

高屏溪主流荖濃溪，源流位於南投縣信義鄉南端，發源於玉山主峰東北坡，先向東北流，至八通關轉東南，匯集分別源自秀姑巒山西南坡及大水窟山西坡的支流後，轉向南南西進入高雄市境，流經梅山、桃源、寶來、六龜，轉向南流至大津，納東側流入之濁口溪後，轉向西南流至里港，納東南方流入之隘寮溪，續流至嶺口與來自北方之旗山溪（楠梓仙溪）合流後，氣勢宏偉始成爲高屏溪。本流轉向南經大樹、九曲堂、上寮、鯉魚山，於東汕注入台灣海峽，此河段長約38公里。高屏溪上流豐沛的降雨量，帶來豐沛的河水，除供給高屏地區農田灌溉、水力發電、工業、漁牧用水，以及自來水之外，更越域供給二仁溪流域的灌溉用水，與台南地區的自來水。

溪水滋潤沿岸的大地，不管是汲水取用，灌溉田園或供工業生產都不愧是南台灣住民的生命之河。高屏溪廣大的流域，孕育了豐富的自然生態；沿著高屏溪居住營生的鄒族、布農族、魯凱

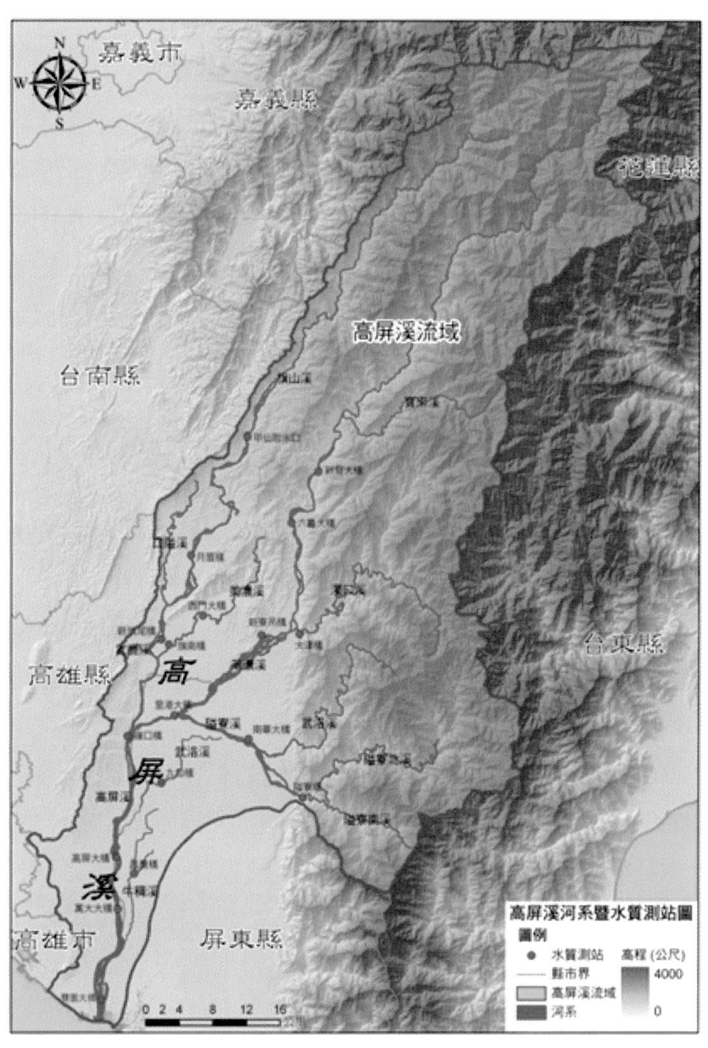

圖5-1-1　高屏溪流域

底圖擷取自行政院環保署（2014.2.10）http://gis.epa.gov.tw/epagis102/MainImageShow.aspx?id=14

族、排灣族、平埔族、閩南人、客家人及光復後來台的外省人等八大族民，發展出豐富的人文景觀。

高屏溪河川短促，流域面積小但降雨量大，坡度陡峭，集水區地質脆弱，故每遇雨季則逕流量驚人，輸砂量每年可達五百三十噸。流域內地形高度落差大，大致由東北向西南遞減，高差將近三千五百餘公尺。其標高在一千公尺以上者，約占流域面積百分之四十七；在一千公尺至一百公尺之間者，占流域面積百分之三十二；最低為高雄、屏東平原，標高在一百公尺以下，占流域面積百分之二十一。

歷史演進

高屏溪舊稱下淡水溪，得名自原住民社名，鳳山八大番社之一的Tapoyan社，漢人稱之下淡水社，另外亦有上淡水社，故下淡水溪與北臺灣之淡水河並無相對關係。而高屏溪直至1960年臺灣省政府整理全臺河川名稱才出現，係因流經高雄與屏東（1950年脫離高雄縣新設）兩縣而易名。

1970年代，位於高屏溪下遊河岸的林園工業區開設完成，主要設置石油化學工廠，廠區設置於林園大排水溝（出口在高屏溪岸）兩側，曾在1988年發生廢水汙染事件，引發抗爭。高屏溪流域也是台灣主要飼養豬隻的地方之一，在1990年代，沿溪的養豬戶曾飼養了約170多萬頭豬，近年則因離牧政策推行而逐漸減少數量。

此外，高屏溪上游也因伐墾而水土保持不佳。下遊河床則受到濫採砂石的破壞，影響了橋梁的穩固性。同時河床上的農田及魚塭也阻礙了水流；岸上的魚塭則因超抽地下水導致土壤鹽化與地層下陷。2013年1月28日 高屏溪疑似遭人偷倒廢棄物，自來水公司廿八日下午發現水傳出酸臭味，立刻啓動應變措施，高屏溪攔河堰停止抽水，由南化水庫支援供水；供水不穩，造成大高雄地區兩萬戶水壓降低，五千戶停水。

自然環境

在十九世紀中葉，打狗（今高雄）英國領事館領事郇和（Robert Swinhoe，又名史溫侯），曾計畫溯行高屏溪，可惜當時因爲公務，最遠足跡只達到六龜。他行旅途中曾記錄：「在近海的打狗曾發現像河流一樣的蝶道，林中也有數不清的鳥鳴。福爾摩沙眞是自然世界的天堂。可愛的小紅山椒鳥，伴著牠們黃羽橘色的雌鳥，忙碌地穿梭林枝間。最高的樹頂上，烏亮的小捲尾佇立著，大聲地鳴唱，彼此以尖叫與波浪的飛行相互追逐，從此樹到彼樹。」這樣的描述。

在高雄地區的工業化與都市化未臻鼎盛之前，那時的高屏溪曾是詩人墨客頌詠的對象，一度被《鳳山縣采訪冊》列爲鳳山八景之一的「淡溪秋月」，秋月倒影在夜晚的下淡水溪上泛著微光。然時光之河滔滔流轉，每條溪水都有其必須承擔的命運，身爲豢養台灣最大工業都市之河，高屏溪注定飽受工業化之苦。從日治時代的都市發展計畫，到光復後的重工業經濟，南台灣的富裕榮景，高屏溪始終默默承擔著。

支流概況

上游除主流荖濃溪外，主要支流包括楠梓仙溪、隘寮溪及荖濃溪分流濁口溪，楠梓仙溪分流美濃溪、口隘溪等。旗山溪爲高屏溪水系主流（含荖濃溪）之外的最大支流，發源於玉山主峰西南坡標高約2,700公尺處，主流河長118公里，流域面積842平方公里。隘寮溪、濁口溪爲荖濃溪的前兩大支流，其河長、流域面積雖均小於旗山溪，但因上游集水區屬多雨區，水量反較旗山溪豐富，均爲高屏溪農業、民生用水之重要來源之一。高屏溪流域內平均雨量每年達3046公釐，平均年逕流量高達84億5500萬立方公尺。平均年輸砂量是3561萬噸，每平方公里流域面積輸送10934噸，居全世界第11位。

自然生態

高屏溪豐富的生態體系，從上游的崇高峻嶺的高山、峻峭的溪谷，高海拔鳥類在溪邊的兩旁留下芳跡，中游河谷漸寬，沖積許多河谷地形，吸引許多中海拔鳥類駐足覓食，下游至出海口，沿岸的河谷地多爲農耕地，河川邊緣有濃密的禾科植物，是遷移性陸候鳥的重要過境地，也是本地留鳥重要的棲息地，出海口濕地、浮覆地、農耕地、行水區，生活著許多野鳥，隨著海水潮汐，季節更替，氣候變化，展現繽紛的鳥羽風貌。

高屏溪流域內計有一個國家公園，即玉山國家公園，和四個自然保留區：出雲山自然保留區、大武山自然保留區、霧頭山自然保護區和台灣穗花杉自然保留區等。並有高山湖泊大、小鬼湖等。珍稀生物計有：台灣雲豹、台灣黑熊、高身鯝魚、八色鳥、赫氏角鷹、帝雉、藍腹鷴、雙環鳳蝶、台灣穗花杉、紅檜、九芎、扁柏、山枇杷、馬利筋及鐵刀木等。

流域里山分類

里山分類	代表地區	地形圖
山林里山	代表地區爲**六龜區**，六龜位於丘陵地到山地之間，位居屏東平原與中央山脈之丘陵交會地、地當六龜地塹帶、荖濃溪縱谷西岸六龜河階上，屬沙礫沖積河階。溫泉沿著荖濃溪分布。清澈的荖濃溪蜿蜒而下，是泛舟同好的最愛。六龜風景久享盛名，山清水綠，森林蓊鬱溫泉處處，有如世外桃源。此地寺廟林立、人文薈萃。	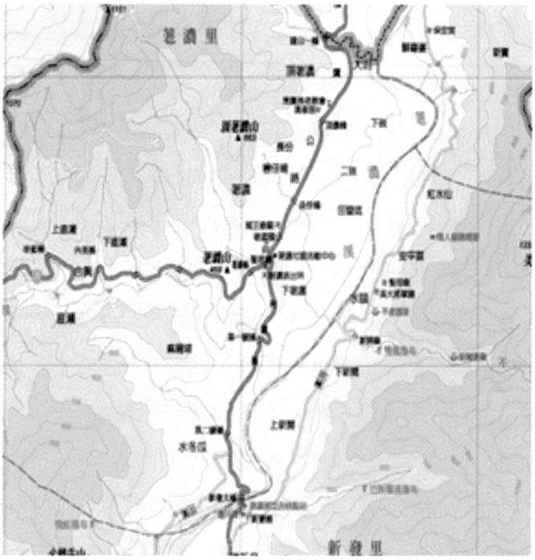
台地里山	代表地區爲三**地門**鄉。位於中央山脈與屏東平原交界處的丘陵緩坡台地，可展望高雄屏東的廣大平原地區，視野開闊，境內青山綠水風景秀麗。土地利用主要爲旱田、森林與林班地，部落生活形成的梯田地景。豐年祭等常見的文化傳統祭典，石板屋爲傳統特色建築。	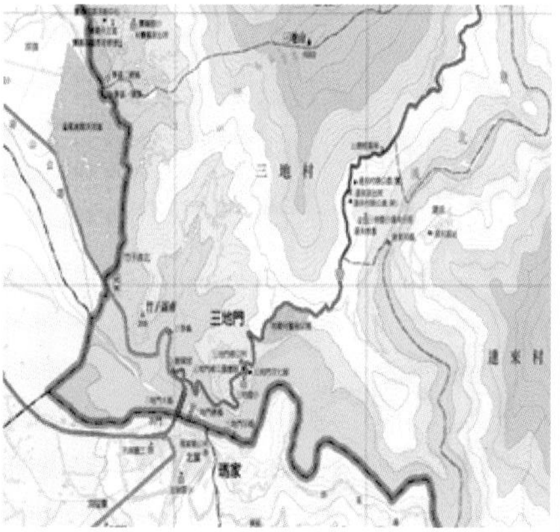

（接下頁）

里山分類	代表地區	地形圖
谷間里山	代表地區為**甲仙**，甲仙區位於台地到丘陵的山谷地形，因河川流經，因此水田、旱田及林地均衡配置；芋頭與竹筍為主要農產，屬海岸型地質，多沉積岩、砂礫、生物化石等。本區氣候因四面環山，林木蒼鬱雨量充沛，故冬暖夏涼，四季如春，氣候宜人。	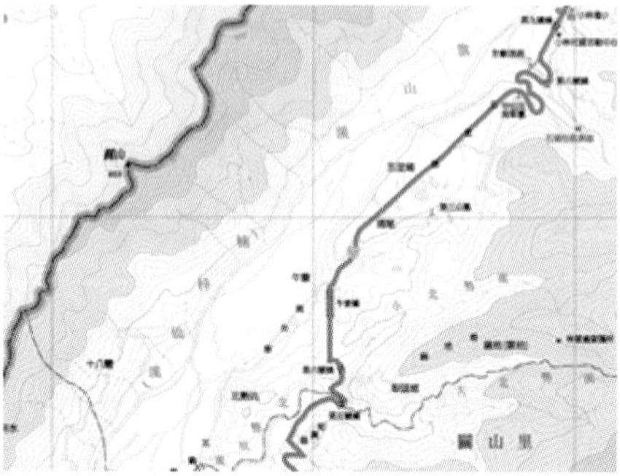
平原里山	代表地區為美**濃區**，地形上為山區平原地形，東、北、西三面環山，荖濃溪與其支流美濃溪貫穿全境，中央為美綠平原，北倚美濃山群峰。熱帶氣候區，高溫多雨，年均溫為攝氏23度，主要生產稻田、菸葉及竹製品等，文化傳統如伯公祭祀	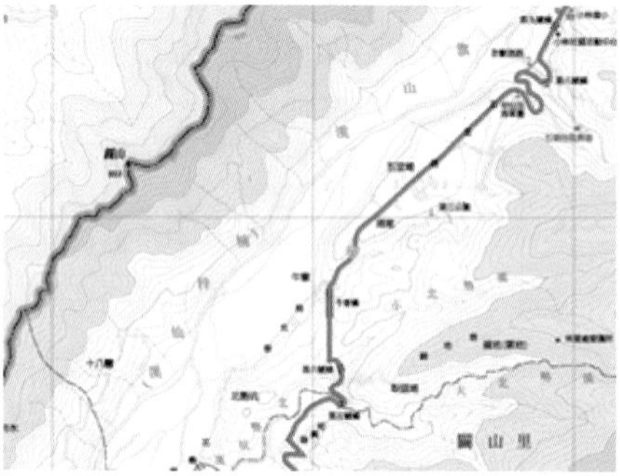

（接下頁）

里山分類	代表地區	地形圖
里川	代表地區爲**高樹**，高樹鄉位於屏東平原之東北端，東連中央山脈地形爲東南面屬恆春丘陵之一部份；其餘皆爲下淡水溪水系諸河川沖積而成之肥沃平原。氣候屬熱帶性氣候。全年氣溫變化不大。除東面連接山地外，其餘三面，皆有溪流圍繞。	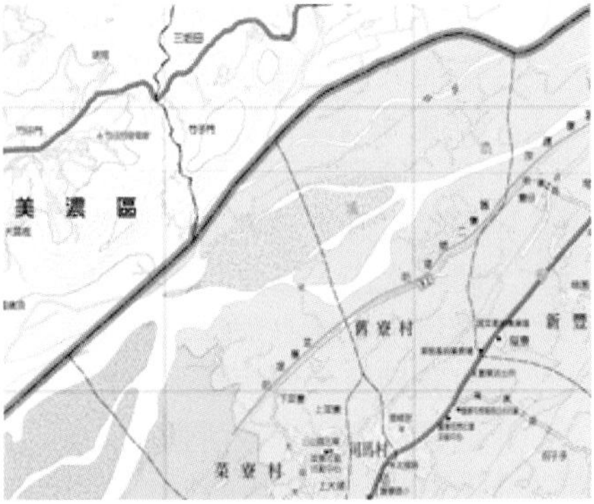
潟湖里海	代表地區爲**東港**，東港鎭位處屏東平原南端，地勢平坦加上濱海，故產業以漁業及農業爲主，大鵬灣是一個內海潟湖，以獨特天然潟湖景觀爲特色，位於沖積平原到淺海域潮間帶。以漁業爲中心的農村聚落。	

（接下頁）

里山分類	代表地區	地形圖
沙濱里海	代表地區**新園鄉**，位居高屏溪與東港溪合力沖積之屏東平原西翼農業菁華區，地勢平坦遼闊，土地利用以砂岸爲中心，內陸廣佈水田，產業以農、漁業爲主，濱高屏溪沿岸多以養殖及漁撈爲業。媽祖信仰爲主要宗教活動。	

里山特色潛力點

1.六龜

本區位於高雄市偏遠山區平地鄉最北端，下淡水溪上之荖濃溪西岸，東毗茂林區，西臨杉林區，南接美濃區與屏東縣高樹鄉，北鄰桃源區，地形似一長瓜形，南北長度三十六公里，東西寬最闊者五公里，最狹者三公里，四面環山、山明水秀、氣候溫和、景色宜人，南部橫貫公路經繞本區荖濃、寶來兩村交通方便，對資源開發裨益至大。六龜區位居高屏平原與中央山脈山地之丘陵交會地，地當六龜地塹帶、荖濃溪縱谷西岸六龜河階上，屬沙礫沖積河階，山林占總面積五分之三，農耕及其他面積占五分之二，全區除彩蝶谷風景特定區外，多位於茂林國家風景區範圍內。

景點：清涼山護國妙崇寺、邦腹溪瀑布、飛雪瀑布、大智瀑布、新閤溫泉、寶來溫泉、不老溫泉、邦腹溪遊憩區、新威苗圃、扇平森林生態科學園、情人樹豬槽窟、巴斯蘭溪瀑布、飛虹瀑布、灣月潭、葫蘆谷、新威苗圃、十八羅漢山、十八羅漢山風景區、荖濃溪泛舟終點。

物產：金煌芒果、黑鑽石蓮霧、金萱茶等。

照片　**六龜山間景色，自然蜿蜒的美麗山河，理應是V型谷，88風災後卻在瞬間內山河變色成爲U型谷**

省思：近年六龜歷經多次的災難，不管是人為疏失亦或是天災？歸零的土地上是否回歸大自然的操作——「人不可能勝天、順勢而為是上策」，與大自然對話、共生，友善大地（大地也需要休息），有機農業等會是最永續的！

2.三地門

本鄉東接霧臺鄉、南接瑪家鄉、內埔鄉，西鄰鹽埔鄉、高樹鄉，北與高雄市茂林區以大津水溪爲界。三地門位於屏東縣三地門鄉，地處屏東東北靠山隘寮溪畔，顧名思義即「三地之門」；三地門鄉擁有得天獨厚的美景，青山巒疊、溪水幽幽，更有豐富的排灣及魯凱族特殊文化資產，也是屏東縣最大的山地鄉。沿隘寮溪上行，溪水愈清澈，山巒愈顯挺拔，隘寮溪在群山中蜿蜒而行，水面映照著山影，山水霧嵐中散落著排灣及魯凱部落，似人間仙境。隘寮溪沿岸渾然天成的美景，與三地門、霧台、好茶、德文等極具特色的傳統山地文化互相輝映，構成此區域美麗之天然景觀。

景點：山地文化園區、大水沖、海神宮、賽嘉滑翔翼教練場、達來舊址、彩虹瀑布、德文風景區、天虹瀑布、蝙蝠洞、大榕樹、古石城、海神瀑布、賽嘉樂園、大津瀑布（阿烏瀑布）、情人湖及天鵝湖等。

物產：三地門鄉地形以山地為主，農業生產以芒果為最主，其他如紅肉李、桃子、梨子、木瓜、愛玉子、小米、芋頭、與特有的樹豆、山藥等。另排灣族的原住民善於雕刻，琉璃珠、陶壺、石雕、木雕等手工藝皆為本鄉著名的文化產業。

照片　三地門台地景色，牛軛形狀的河道儼然成形，牛軛湖指日可待；這就是大自然的傑作！所形成的新肥沃地區，不就是不費吹噓之力，即得良田所在地？

省思：三地門一帶的土地利用，土雞城的開放程度著實令人擔憂其所負荷的承載力。然而，經濟與自然如何兩全？除了，居民環境意識的加強外，實有賴NGO或政府單位協助。

3.甲仙

本區位於高雄市東北端，東臨玉山山脈分水嶺與六龜區相鄰，南連杉林區，北接三民區，西以大烏山內烏山爲分水嶺與台南市南化區相鄰，東西寬五・三公里，南北長22.61公里，海拔252.068公尺。而南北有小林斷層形成狹長的楠梓仙溪貫穿本鄉流經杉林區、旗山區與荖濃溪匯合高屏溪。此處的岩層屬於上新世的六重溪層，含有大量的貝類、海膽、螃蟹、石灰岩塊，是一個淺海環境所沉積的地層。

景點：抗日志士紀念碑、阿里關公廟、鎮海軍墓、親水公園、六義山紫霞步道入口、石磯谷風景區、四德化石保護區、六義山百葉步道入口、六義山四德步道入口、白雲仙谷風景區。

物產：甘藷、大豆、芋、薑、樹薯、甘蔗、芒果、龍眼、芋冰、芋粿、麻竹筍與芋頭相關製品等爲著名農特產。

照片　甲仙里山景觀

照片　**甲仙谷間景觀，芋頭作物盛名已久，八八風災後，甲仙小學生的拔河名聲反而壓過芋仔冰了。**

省思：天災？人禍？總之，南橫已經禁止進入，甲仙進入經濟蕭條期，除了外籍人口的增加，稍增些南洋風味外，期待在求觀光人口增加之餘，先將本地的自救能力（彰顯本地特色）回歸第一級產業，善待大自然，強調有機農作；加強當地環境意識之餘，也能瞭解「天助自助者」之真意。

4.美濃

美濃區位於高雄市東北、屏東平原北部，形呈坐蛙。東鄰六龜、東南鄰高樹、南鄰里港、西鄰旗山、北鄰杉林。北面以月光山爲主峰的美濃山脈，包括有月光山、人頭山、金字面山、旗尾山等，東面有尖山、茶頂山、龜山、大龜山、小龜山等，南臨荖濃溪、西區旗山等，擁有四千公頃良田，孕育出南台灣穀倉、菸葉王國的搖籃。美濃位於北迴歸線以南，屬熱帶型氣候。每年的五至十月屬雨季，其餘爲乾季，雨量的分布十分懸殊。氣溫偏高，六至九月平均溫度在27度以上，除了一、二月的溫度稍低，但仍在10度以上，其餘都在20度以上，全年平均22至25度之間。降雨量全年約在2000至2500公釐之間。美濃區保有完整的客家文化，人口中有百分之九十以上屬於客家籍，其濃郁的客家風情，是高雄境內極富族群特色的鄉鎮，從屋宅、衣飾、音樂、美食等，皆充滿客家人在遷徙中為適應環境所孕育的智慧。

景點：以濃厚的客家文化聞名，瀰濃庄敬字亭、九芎林里社貞官伯公、金瓜寮聖蹟亭、龍肚庄里社貞官伯公、瀰濃庄里社貞官伯公、竹仔門發電廠、東門樓、美濃民俗村、中正湖風景特定區、南園休閒農場、熱帶母樹林遊樂區、美濃窯、原鄉緣紙傘文化村、黃蝶翠谷及月光山等。

物產：板條、紙傘、陶窯及客家小菜炒豬腸、大封（紅燒蹄膀）、小封（紅燒小豬肉塊）、福菜（鴨舌草、學菜）、野蓮（龍骨瓣莕菜）。傳統農產：水稻、毛豆、絲瓜、木瓜、芭樂及香蕉，特殊農產：菸葉。

照片　美濃里山景觀

照片　美濃平野風光，濃厚的客家風情，至今對伯公的信仰不渝，遠遊、婚喪喜慶均據實呈報。近日，美濃愛鄉協進會與作者合作積極推展美濃里山活動，以NGO團體而言，在自己的故鄉實施里山活動，值得鼓勵。

省思：得天獨厚的理想里山條件的地形環境，當然也是「得理不饒人」的高知識分子聚集區域。期待在這些背景下，能真正落實無毒、永續、與自然共生社會實踐的社區。能成為全台灣實踐里山模式的典範地區。

5.高樹

高樹鄉是位居屏東縣最北端之典型農業鄉，東連中央山脈與三地門鄉爲界；西以荖濃溪，北以濁口溪與高雄市美濃區、六龜區、茂林區爲界，南以隘寮溪與里港鄉、鹽埔鄉爲鄰。除東面連接山地外，其餘三面皆有溪流圍繞，靠五座大橋及省道台22線、台27線與沿山公路對外交通，有「大橋之鄉」美譽。高樹鄉於清朝時代，隸屬鳳山縣，日治初期先隸屬阿猴廳，港西上里高樹下庄，後改隸高雄州屏東郡。本鄉地形東南面屬恆春丘陵之一部份；其餘皆爲下淡水溪水系諸河川沖積而成之肥沃平原。本鄉之氣候屬於熱帶性氣候，每年平均氣溫約爲攝氏28度。全年氣溫變化不大，四季劃分不甚顯著。年平均降雨量約2500公厘。

景點：大津瀑布、大津風景區、淨心居、不動寺、蓮雲寺、廣修禪寺、寶蓮禪寺、平埔公廨廟、廣興鍾理和故居、梁家古厝、楊家古厝、高樹菸樓、大陳義胞聚落、陳家古厝等及擁有全台灣最完整的水圳之稱的高樹水圳文化。另鄉內有石獅公石像，爲台灣本島少數擁有石獅雕像信仰之村落。

物產：本鄉主要農業有稻米、菸葉、鳳梨、木瓜、芋、棗子、椰子、蓮霧、花卉等。本鄉有溫和的氣候、豐沛的雨量及優質的水源所賜，培育了本鄉農業之精華。芋頭更是碩大品質佳，並提供極富盛名甲仙芋餅、芋冰的最佳材料。

照片 **上面五張屬於隘寮溪河川景觀。經歷八八風災後的U型河床景觀實在令人不勝唏噓，原來的嶙峋岩石河床的壯麗景觀已不復見。**

高樹荖濃溪河川景觀——肥沃的河床地是部分高樹居民的重要農耕地，三山國王廟是當地居民主要宗教信仰中心，也是茶餘飯後的八卦中心；廟前曾經有兩棵老榕樹，是兒童們的最佳玩伴，可惜水泥進駐，砍了一棵，另一棵被水泥圈困起來，榮景不再。

省思：最近的新聞版面上傳出河床地的盜採砂石案，甚至優良農地遭到不法投棄建築廢棄物；逐漸凋零的老農，藉著「大埔農產品生產合作社」是否能平和的讓老農們安心託付，實有賴互信、互助與無私。託土石流之福，近年本地也興起漂流木的藝術創作其中翹楚為大埔村民陳進守先生，誠為傳統里川經營的新一頁。

6.東港

東港鎮位於屏東縣西南端，西臨台灣海峽與琉球嶼相對，東連崁頂鄉、南州鄉，南接林邊鄉。明鄭時代，東港屬萬年縣，後屬萬年州，清康熙二十三年改屬鳳山縣。清重修鳳山縣志：「東港在縣西南六十五里，面臨大海，港道甚闊，可通巨艦，有商條到此裝載米豆貨物」；鳳山縣采訪冊：「東港，民渡，在港東里，縣城東南三十里，源受東西溪兼匯後寮，五房洲等流入海，兩岸相距三里許，深丈餘，內地商船往來貿易，爲舟艘輻輳之區」，在清時便掌控全台船貿之要衝，是全台三大良港之一。北跨東港溪毗鄰新園鄉，因自然環境而形成東港、新街、內關帝、三西和、下廍、大潭新、南平等七小區域。由於係屬平原地形及臨海關係，適合於農作及養殖捕撈漁業。本鎮西北方之東港溪及高屏溪兩大溪流因河流匯集自然形成一港灣，與大鵬灣出海口成爲本鎮之兩大溪流出海口。大鵬灣是台灣西南沿海唯一的大型潟湖地形。灣內水域長約三千五百公尺，寬約一千八百公尺，面積共有五百三十餘公頃，平均水深2～6公尺不等。原爲林邊溪與後寮溪匯流入海處，因水流帶來泥沙入海，再經海流季風漂送形成沙嘴圍成潟湖，僅一水道讓海水流通。灣內豐富魚貝類，爲舊時茄萣莊依賴的水域，古有「金茄萣港」之美名。

景點：大鵬灣國家風景區、東隆宮、東港溪親水護岸、華僑市場及共和新村等。

物產：著名東港魚產三寶（黑鮪魚、櫻花蝦、油魚子）、鮪魚、蓮霧、洋香瓜、紅豆及稻米等。

照片　東港潟湖景色與漁鄉風情。爲了配合觀光政策，原來的典型蚵鄉漁村，搖身一變爲國際級水上遊樂區。可惜，蚵農們收入是否增加則不得而知。原來的水上人家的現況，實需當局費心檢視政策。

省思：2001年開始「黑鮪魚文化觀光季」打響了東港黑鮪魚的知名度，除了遠洋漁業外，本著重視沿海漁業及保護大鵬灣潟湖環境的理念，難道「交通部觀光局大鵬灣國家風景區」就不能與潟湖里山共存嗎？作者呼籲相關當局摒棄鋼筋水泥的傳統迷思，生態系價值是金錢難以取代的。木頭的腐朽也是生態的一環，切莫因此以鋼條取代。

7.新園

新園鄉位於屏東縣西南方，即界於高屏溪與東港溪二流會合出海口處。東南分別與崁頂鄉東港鎮爲鄰，西與高屏溪連接高雄市界，北接萬丹鄉，爲一狹長地帶。本鄉除鯉魚山坵地外，地形一概平坦，面積遼闊，盡屬沃野田疇。「新園」之名，乃緣於三百多年前，福建省龍溪縣人黃上房、蕭發現、王非、鄭先殿等，攜眷二十餘人，渡海來此居住，並於西北方下淡水溪旁原野開拓爲田園，發展生計，即命名爲「新園」。除臨海鹽埔村、共和村一帶屬海水沙地，農作物僅限於種植蘆筍外，其餘全鄉平原，適於種植稻穀、甘蔗、雜糧、水果、香蕉等，常年豐收。本鄉西南濱海，以養殖爲主，濱河海交會處，沙洲綿延，生態資源豐富，漁產富饒。

景點：新惠宮、鯉魚山泥火山、十二犁頭鏢、赤山巖及鯉魚山軍事遺跡等。

物產：稻米、紅豆、香蕉、蘆筍、芹菜管、鰻魚、螃蟹及草蝦等。

照片　**新園鄉高屏溪出海口沙濱景觀。對岸林園石化設廠後，造成海濱環境生態上的影響甚鉅，昔時的河海生物已經因河、海水的污染使原生水族幾近滅絕。**

省思：雖曾有「鰻魚之鄉」的稱呼，還擁有一座二級漁港「鹽埔漁港」；1970-80年代曾經是台灣最大的蔬菜集散中心，沿海沙地盛產蘆筍，稻米產量也曾高居屏東農業縣中的第三名，因此「沙濱里海」當之無愧。可惜，一般人對新園鄉與漁港的連結似乎斷線了。

第二節　曾文溪流域

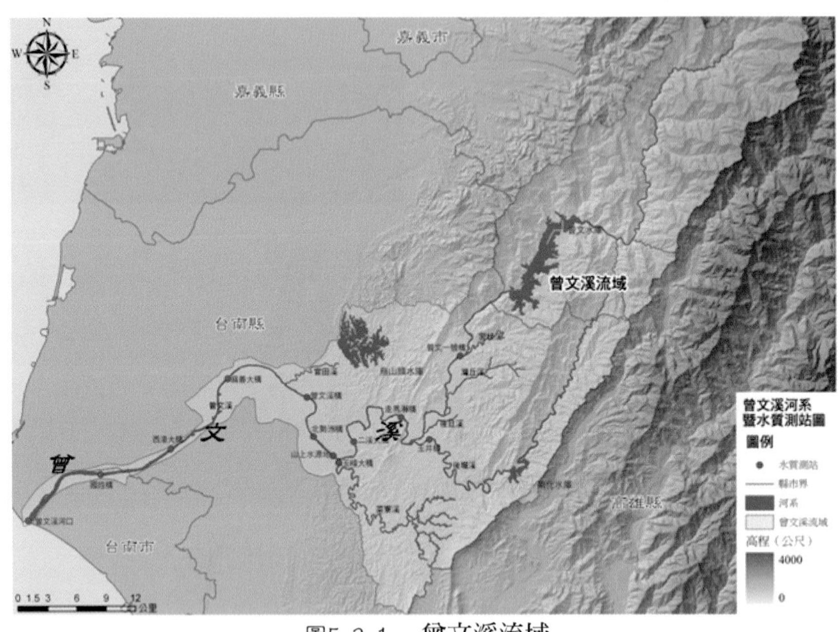

圖5-2-1　曾文溪流域

底圖擷取自行政院環保署（2014.2.10）http://gis.epa.gov.tw/epagis102/MainImageShow.aspx?id=12

流域概述

曾文溪是台灣第四長的河流，全長一百三十八點四七公里，流域面積近一千二百平方公里左右，主要支流有後堀溪、菜寮溪、官田溪等。主要流域在嘉義縣及台南市境內，下游河道是舊台南縣與舊台南市的邊界。曾文溪發源於嘉義縣阿里山鄉的東水山。流經台南市楠西區、玉井區、大內區、山上區、善化區、官田區、麻豆區、安定區、西港區、七股區、最後在安南區和七股區之間，流入臺灣海峽，全長138公里，流域面積1176平方公里，源頭海拔高2440公尺，其主要支流有塔乃庫溪、普亞女溪、草蘭溪、後堀溪、菜寮溪、官田溪等。歷史上曾文溪頻頻改道，被居民戲稱是「青瞑蛇」。1938年堤防竣工之後，河道趨於固定。

曾文溪有豐富的水力資源，全臺灣最大的水庫曾文水庫，即在曾文溪上游，此外，在曾文溪的支流上，尚有南化水庫及烏山頭水庫等，除了供水發電之外，也都成爲重要的觀光景點。此外，由於曾文溪挾帶砂石與生物碎屑在出海口沉積，提供了大量養分，因而蘊育了河口地區豐富的底棲生物與浮游生物，也吸引了大批水鳥在此處棲息。著名的珍貴鳥類黑面琵鷺即棲息在曾文溪河口北岸，因此設有七股黑面琵鷺保護區。台灣第八座國家公園台江國家公園範圍也包括曾文溪口。

曾文溪源於阿里山脈，兩條上游源流分別是東水山南麓的特富野溪，與東水山北麓的後大埔溪。自源頭一路迤邐而下的曾文溪，先後孕育了上游的鄒族文化，以及下游的嘉南沖積平原。中游丘陵水力資源豐富，水庫密集，全台灣最大的曾文水庫坐落其間，其湖面面積達十七平方公里；中下游地區，則有肩負灌溉嘉南平原重責大任的烏山頭水庫。下游平原是台灣開墾最早的地域之一，人文與自然風光薈萃，不但是台灣王爺信仰的重鎮，更形塑出台灣獨特的鹽分地帶文化。河口的潟湖地形與溼地景觀，興盛了養殖漁業及觀光業。曾水溪上游凝聚雨露，使山林茂密、蒼翠欲滴，孕育大自然動植物，在此生生不息。這一百餘公里亙古綿延，帶給大地是豐盈之美，帶給南瀛子民是生命的泉源。

歷史演進

曾文溪，古稱灣裡溪，上游地形型態包括高山、丘陵、台地地形，中、下游則為沖積平原、河道蜿蜒曲折，但河面狹窄，遇暴雨時容易因排水慢而氾濫成災。曾文溪流域的農業生產狀況因地勢型態而有不同的分布，下游屬於嘉南平原農業區，中游為丘陵地農業區，上游為高山林區。

曾文溪自十七世紀以來，曾經發生過四次重大河流的改道，第四次時曾文溪的主流由國聖大橋向西衝破沙洲在青草崙（今土城青草里）出海。曾文溪流域的年輸沙量可達2818萬公噸，因此孕育出廣大沖積平原。1930年代之後，曾文溪的河堤興建完工，河道被局限在河堤內。原本的河道被民眾開發利用。就河道土地的開發可分為地勢較高與地勢較低的部分。地勢較低的部分人們開發成水田或者是魚塭；在地勢較高的地方則有水田、旱作、甘蔗、果園等等的土地使用方式。此外，有沙丘分布的地區也被開發作為旱作或甘蔗的農地。曾文溪曾有平均每年向西延伸35公尺的記錄。然受到人為干擾，現今曾文溪出海處的海岸反而有海岸侵蝕的問題。

社經發展

由於曾文溪流域氣候溫和、雨量充沛，又有廣大的腹地—嘉南平原，所以非常適合農業的經營與發展，因此農業生產在曾文溪流域內佔了非常重要的地位，曾文溪流域上的居民多以務農為生，主要農產品有稻米、甘蔗、甘薯、芒果、雜穀等，而以稻米爲最大宗，故曾文溪流域乃以「米穀之倉」著稱全台。

阿里山林場是此地區爲最重要林場，但在曾文溪流域內所佔面積不大。林場以外的山坡地區，林相爲闊葉樹、竹林或雜木，中游則多芒果及龍眼等果園。

畜牧業多分布在丘陵地以下的地帶，在上游集水區內尚無大規模之蓄牧場，中游地區在善化有高雄牧場所設立的分處。其餘則爲一般農家兼養的少數養雞、鴨場、豬、家禽等。

本流域內的工業區位在官田及北勢洲，另有台糖公司玉井糖廠、善化糖廠、總爺糖廠、台南市肉品市場、善化成功酒場等較具規模之工廠；其餘私人加工類型小工廠，分散於中下游交通要道旁及各鄉鎮。商業則集中於各鄉鎮，因近年來台灣經濟發展迅速，本流域已漸由工業直接帶動商業的繁榮及農業生產之提昇。

自然生態

曾文溪河水夾帶著泥沙與生物碎屑堆積在曾文溪溪口，形成濕地。曾文溪口的七股濕地是由泥灘地、海埔地、魚塭、潮間帶沙洲、防風林與草澤等不同棲地組成的濕地環境。七股濕地因有世界級瀕臨絕種的「黑面琵鷺」過境，每年十月至隔年四月，瀕絕候鳥「黑面琵鷺」都會從中國北方、朝鮮半島至此度冬，凸顯了台灣是東亞候鳥遷移中繼站的價值。

曾文溪流域內歷年平均雨量約2,300mm，雨量分佈由平地往高山增大，主要降雨季爲每年5月至9月，約佔全年總雨量之86%，因此流量變化也以5月至9月爲豐水期，約佔全年流量90%以上。在河川污染監測上，曾文溪主流上游北勢洲橋以上爲未受污染，中游段北勢洲橋至曾文溪橋間屬於輕度污染，下游曾文溪橋以下則呈現中度污染。支流後堀溪屬未受污染，菜寮溪則屬輕度污染。

流域里山分類

里山分類	代表地區	地形圖
山林里山	代表地區為**大埔**，本鄉之地形自東向西傾斜，四面環山，均屬高山峻嶺。東部為山地，西部為丘陵及平原區，中央形成小盆地，曾文溪之上游自阿里山西麓而下貫穿本鄉，流經台南市出海。西面淺山丘陵，溪流沿岸地帶為農業發展區，以果樹為主及村落聚集區，東面山區主要為森林區。	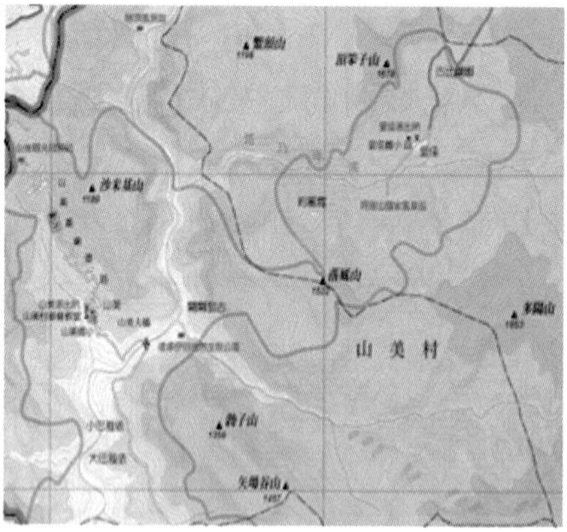
台地里山	代表地區為**玉井**，本區位於台南市東南方，屬丘陵山坡，四面環山，中間形成天然盆地，境內有曾文溪貫穿。境內依山傍水，與清靜山野自然景觀相互輝映。潺潺流水，蟬鳴鳥叫、氤氳透蒼穹，靜謐宜居。	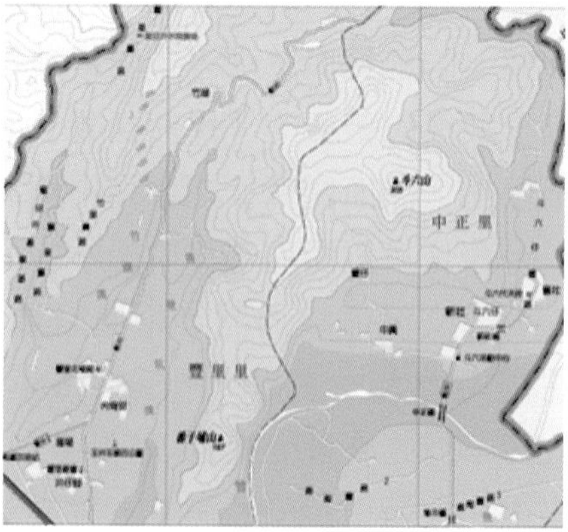

（接下頁）

里山分類	代表地區	地形圖
谷間里山	代表地區爲**楠西**，本區位於台南縣東南方丘陵間，曾文溪上游大埔溪東岸，山巒交錯、群山環繞，地形起伏，景色優美氣候上屬熱帶季風氣候，產業以農業及觀光業爲主。湖光、山色、古厝是「楊桃之鄉」楠西的特色	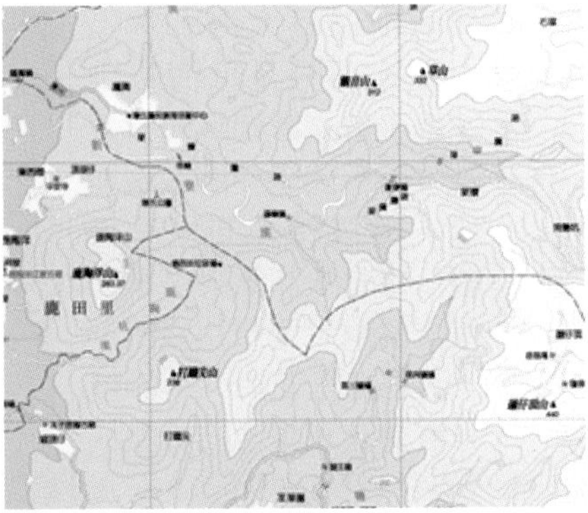
平原里山	代表地區爲**善化**，本區位居嘉南平原的樞紐，亦是臺南市的地理中心，平原地勢平坦，平疇綠野、民樸土沃、農耕發達，爲臺灣典型農鄉。善化牛墟聞名全省，極具農業特色。文風鼎盛，人才輩出。	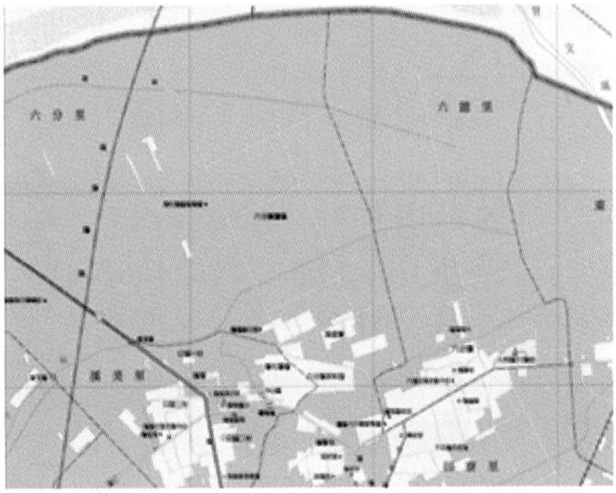

（接下頁）

里山分類	代表地區	地形圖
里川	代表地區為**大內**，本區土地大部分是低海拔山坡地，曾文溪蜿蜒曲折流經本區，曲流沖刷惡地地形，形成特殊的地形景觀。每當秋高氣爽之季，曾文溪兩岸蘆葦花盛開，一片白茫茫花海，平添幾分蕭瑟，和繽紛的美麗秋景。	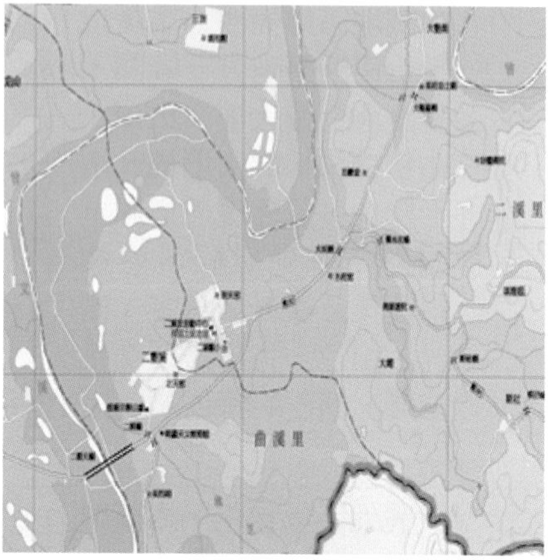
里澤	代表地區為**官田**，本區由於烏山頭水庫的設立，灌溉渠道密布，菱角栽種面積達300公頃，農耕為免於看天田的困境，多開鑿池埤蓄水備用，成為台地湖沼最密集的地方。烏山頭水庫有珊瑚潭別稱，由空中俯視形成蜿蜒曲折的湖岸線，彷彿就像一株碧綠的珊瑚礁，自然風光旖旎。	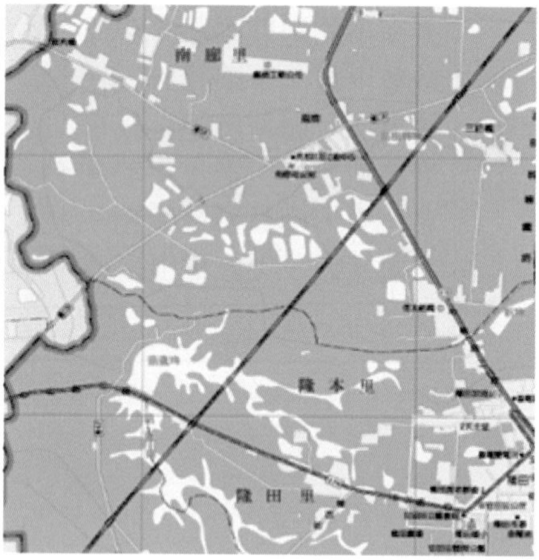

（接下頁）

里山分類	代表地區	地形圖
潟湖里海	代表地區**七股**，本區屬濱海地區，地形多爲潮汐灘地、沙洲、潟湖，沿岸多紅樹林，潟湖海岸景觀及其西南濱海獨特的濕地生態環境，孕育了多樣性的自然生態。海埔地與沙洲爲本區域海岸地理景觀與土地利用的一大特色。	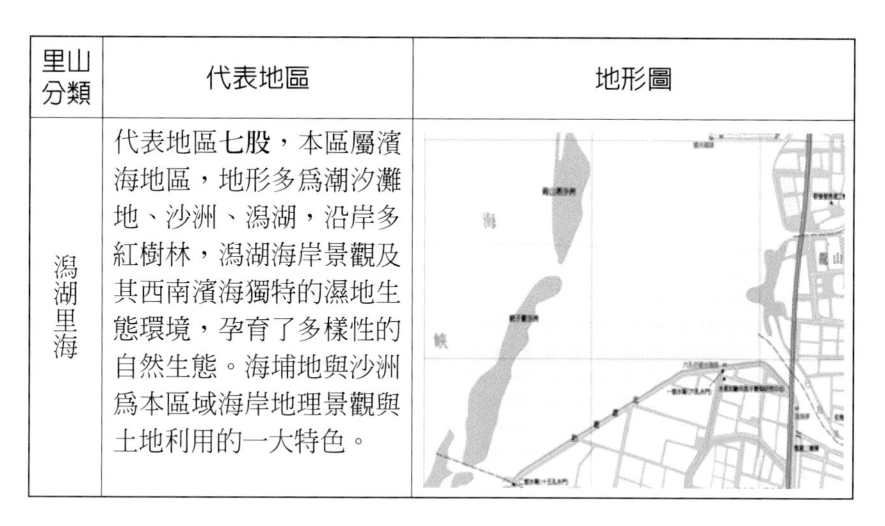

里山特色潛力點

1.大埔

本鄉地理環境彷似桃花源，沿台三線翻越群山，行到水窮處，豁然開朗。在群山環抱中，如一片遺世獨立的平坦峽谷地，稼穡淳樸，雞犬相聞。水面無波似鏡，映照天光雲影。因屬水源保護區，環境天然優美，絕少現代化的過度開發，讓這片四季如春的世外桃源得以維持。鄉內大部分土地屬於國有或保安林地，是政府嚴格實施「低密度建築管制」，唯一零分貝、零污染、無工業的綠色鄉鎮。以水庫爲中心的曾文水庫風景區，腹地遼闊。風景秀麗，湖光山色的陪伴下適合垂釣。山裡高處有瀑布群，棲息無數野生動物，生態環境豐富。

景點：大埔橋、大埔山莊、湖濱公園、情人公園、青雲瀑布、曾文水庫大壩、白馬亭、大埔美館及內葉翅吊橋等。

物產：網室木瓜、梅子、破布子、百香果、麻竹筍及楊桃等。

照片　位在桃花源般的大埔（曾文水庫）山地風光，宛如人間仙境、蓬萊仙島。

省思：既然大埔鄉90%以上的土地屬於國有或保安林地，則期待它真能帶領台灣走向「零分貝、零污染、無工業的綠色鄉鎮」。

2.玉井

玉井區東連南化區，西接大內區，南臨左鎮區，北為楠西區，交通十分便捷。位在曾文溪上游大埔溪與後掘溪交會點之東岸，周環群山，層巒疊嶂，形成盆地，景色秀麗。玉井在荷蘭時期及清代時期稱大武壟，係曹族四社熟番－噍吧哖社、芒仔芒社、宵里社及今楠西鄉的茄拔社等原住民所居住。後因大目降（今新化）之西拉雅族，在明鄭時期受漢人侵占，轉而驅逐曹族四社，據有其地。清雍正初年，漢人在此建庄。至民國九年日人據台，始以「噍吧哖」的近似音「玉井」來稱呼本鄉，沿用至今。現今玉井區，以盛產芒果馳名遠近，而有「芒果之鄉」的美譽，鄉內林蔭芒果大道，是台灣罕見珍貴的景象。

景點：余清芳紀念碑古戰場、鄉轍公園、綠色隧道、噍吧年紀念公園、芒果市場（青果市場）、江家古厝等。

物產：玉井農產以水果為主，木瓜、荔枝、龍眼、楊桃、西瓜、香蕉、番石榴、鳳梨、芒果爲大宗，其中以芒果最具代表性。

照片　**玉井河階台地風光。土地貧瘠加上取水問題，農業發展較困難，適合芒果、楊桃及鳳梨等旱作物。但是清晰的台地河階地形值得好好重視與保存。**

省思：玉井地區土地貧瘠加上取水問題，農業發展較困難，適合芒果、楊桃及鳳梨等旱作物。雖然先天不足，但是先人的智慧還是可以養活好幾代時，若能謹守古法善待大地滋養生息，誰說今後就不能再持續？除非，濫墾濫耕將土地資源消耗殆盡，則夫復何言？

3.楠西

楠西區位於臺南市東北端，屬阿里山餘脈尾陵地帶，東鄰南化區，南接玉井區，西連東山區、六甲區、大內區，北與嘉義縣大埔鄉爲界。楠西舊稱茄拔社，茄拔是西拉雅平埔族語斑芝樹（木棉樹）的意思，日治時期取其位於楠梓仙溪之西，改稱爲楠西。是曾文水庫必經的門戶，境內有著名的梅嶺風景區，湖光山色，是楠西給人美好印象之一。四界環山，中央爲大武壟盆地，爲一典型之農業鄉。楠西位於山區，台三線貫穿全區，交通便利，山區景色優美，森林生態多樣，登山步道舒適，爲愛好登山者所嚮往的最佳去處，是台灣重要觀光地區。由於地形屬高陵山坡地，日照充足、雨量豐沛，又有曾文溪水的滋潤，種種環境條件都有利於熱帶水果的生長，加上果農積極研發，其品質品種十分優良繁多。

景點：楠西區山巒疊翠，景色優美，人文豐富，境內重要風景名勝有曾文水庫風景區、鹿陶洋江家古厝、梅嶺風景區、灣丘平埔公廨、龜丹溫泉、永興吊橋、楠西休閒公園及宗教聖地「玄空法寺」等。

物產：水果是楠西區主要農產，有楊桃、梅子、棗子、芒果、龍眼、荔枝、蜂蜜及龍眼等。

照片 **楠西山間景觀。一枝草一點露，台灣任何地區只要努力，何處不能化貧脊爲豐饒。**

省思：得天獨厚的地理條件，除了擁有全台最大的曾文水庫外，農地大部分維持農業作物，可惜年輕人外出謀生蔚為風潮，只剩老人及小孩；亟需年輕人回鄉，重新審視一級產業的價值，重視人與自然共生的相處之道。

4.善化

善化原為台灣平地原住民西拉雅族四大社之一「目加溜灣社」的活動領域。明鄭治臺時，在此地設立「善化里」，歸天興縣管轄，並派軍隊到此屯墾，加上漢人漸漸從大陸移民臺灣，始形成現在之聚落。善化區位於臺南市東北方約20公里，其發展自古即以農業為主，地理位置北面自曾文溪起，南迄新市之鄉街止，在此廣大的之農業發展平原中，具有縱貫鐵公路通過之交通便利，加以農村所需之各項服務設施在此漸趨集中設置，隨人口之增加，農產品集散交易演變而成之商業機能，本地區逐由最初之農業聚落逐漸發展成為今日之鄉街中心。

景點：三級古蹟慶安宮、善化糖廠、善化啤酒廠、奇美善化農場等。

產業：曾文溪（舊名灣裡溪）繞經東北方，饒富水利，清朝時期以來先民辛勤努力下農業發達。本區以農業為主軸，國際機構亞洲蔬菜研究中心、臺灣糖業善化糖廠及善化酒廠相繼設立，帶動本土產業的發展。善化區農業發達，農產品種類多，產量最多的有蕃藷、樹薯、蔗糖等。

照片　善化里山景觀

照片　**善化平原田園風光。農業盛時的牛墟（牛的買賣市場）背後富藏人、牛之間的喜怒哀樂、悲歡離合等諸多不得已的辛酸故事。**

省思：當昔日光輝不再，高速公路也不經本地，何妨單純的顧好第一級產業，將健康的農產品與農作技術傳承下一代，誰說桃花源之名不會廣為流傳。

5.大內

大內區位於臺南市中心偏東之處，是山區與嘉南平原的交界，北與六甲區爲鄰，西與官田、善化爲界，南接山上鄉，東與玉井、楠西相交。漢人在大內的拓墾始於清康熙年間，本區土地百分之七十是低海拔山坡地，曾文溪蜿蜒曲折流經本區，因屬於中上游，尚未受到污染，所以山明水秀，從空中鳥瞰一片翠綠，而曾文溪曲流切割山峻，形成特殊的月世界地形非常迷人，溪中盛產魚蝦及蛤蜊。大內區工商業不發達，沒有工廠，全區幾乎務農，民風淳樸。青山綠水的大內，在平埔族與漢人的共同拓墾下，形成今日自然、文化與產業地景都極爲豐富的樣貌。

景點：鳴頭鄭宅、楊家祖厝、走馬瀨觀光休閒農場、南寶高爾夫俱樂部、頭社農林場、尖山農林場及陳進士紀念館等。

物產：芒果、酪梨、鳳梨、木瓜、番石榴、柳橙、白柚、文旦、荔枝、龍眼、香蕉、洋香瓜、楊桃、菠蘿蜜及阿拉伯椰棗等。

照片　曾文溪大內區風光。歷經八八風災，不知溪中魚蝦及蛤蜊無恙否？

省思：區公所網頁介紹「大內區工商業不發達，沒有工廠，全區幾乎務農，民風淳樸，農業全部是熱帶水果」；同個網頁「曾文溪蜿蜒曲折流經本區，因屬於中上游，尚未受到污染，…溪中盛產魚蝦及蛤蜊」，看來曾文溪中之魚蝦、蛤蜊等來自大自然的天然食物就浪費了。

6.官田

官田區位於臺南市的中央位置，北與六甲區相接連，西南與善化區隔曾文溪相望，東南與大內區爲鄰，西臨麻豆區，西北與下營區相接。所在位置約爲臺南市地理上的中心。土地面積約70.8平方公里，座落在阿里山山脈西島山嶺下。在地形的區分上，屬於阿里山山脈西島山嶺山脈、嘉義丘陵、以及嘉南平原，在緊臨西島山嶺山脈的範圍內有少部份的村落，另外除東部的大崎、社子等山坡地屬嘉義丘陵之南段外，其餘均屬嘉南平原的腹地。官田區的地勢由東南向西南傾斜，東高西低，標高在十公尺至一百零五公尺之間。官田區人工興建的湖泊甚多，以珊瑚潭（烏山頭水庫）和葫蘆埤爲較大。

景點：珊瑚潭風景區、葫蘆埤、臥堤迎暉、菱田舟影、統一牧場、番子田農場、水雉復育區、親水公園、隆田酒廠。

物產：稻米、甘蔗、瓜果、蔬菜、菱角及芒果等。

照片 官田葫蘆埤一帶菱田水鄉風光。凌波仙子的故鄉，季節性的菱田，約在9月繁忙的收成後，即轉種其他作物。

下排兩張照片2014.2.12擷取自：GoogleEarth街景圖

省思：主要產業為農田的官田地區，為避免農耕陷入看天田之困境，除了著名的烏山頭水庫外，還有統領埤、蕃子田埤等，另外還開鑿大小埤塘，成為台地湖泊最密集地區。如何成為無毒社區或抵制開發成工業用地，亟需當地有心人士的自覺及NGO團體協助。

7.七股

七股區早期爲臺江內海的一部分，後來因曾文溪改道，臺江內海逐漸陸化而形成陸地，而有漢人進入開墾。七股區位於台南市西南端，東接佳里、西港、西臨台灣海峽、南隔曾文溪與安南區對峙，北與將軍區毗鄰，南北有12公里、東西有11公里，地形北狹南稍闊成一梯形平野鄉。本區屬濱海地區，地形多爲潮汐灘地、沙洲、潟湖，沿岸多紅樹林，爲候鳥群聚棲息之地，區內的曾文溪出海口溼地更是瀕臨絕種鳥類——黑面琵鷺全球最重要的棲息地。氣候上屬熱帶季風氣候，產業則以農業、漁業爲主。七股之命名，據傳三百六十年前由福建來台之居民七人共同墾殖一漁塭，名爲七股塭，後隨沿稱爲七股，日治時期爲七股庄，光復後改稱為七股鄉，原轄域擴及曾文溪南岸的今台南市安南區土城仔和青草崙兩地，民國三十五年安南區始歸台南市。

景點：頂山陳宅、中寮陳宅、黑面琵鷺棲息地、觀海樓、賞鳥亭、賞鳥牆、賞鳥亭、溪南春休閒渡假漁村、巡海公園、黑面琵鷺主要棲息地、七股鹽山、南灣觀光碼頭、六孔仔觀光碼頭及海寮觀光碼頭。

物產：水稻、哈蜜瓜、甘蔗、蔥、蒜、玉米、牛蒡、虱目魚、草蝦、烏魚、鰱魚、草魚、紅蟳、花跳、蚵及文蛤等。

照片　七股瀉湖漁鄉風情，沒有漁民活動的海邊風景區是毫無歷史意義的；爲了幾艘動力摩托車的存在，將蚵仔架拆掉，必然也不是聰明的作法。

省思：「拾穗」的畫作膾炙人口，這裡也是，一邊是漁夫努力增加魚穫量，一邊是黑面琵鷺或其他鳥類低頭覓食的景象，這就是人與自然共生的和諧景象，不是嗎？當然這幅圖是否能成畫？也需要中上游地區流下來的是乾淨無毒的水呢！

Chapter 6

東部主要流域的里山

如表2-3-1及圖6-1所示，東部里山由花蓮溪流域1,507平方公里；涵蓋花蓮縣境內。卑南溪流域1,603平方公里則都在台東縣境內。

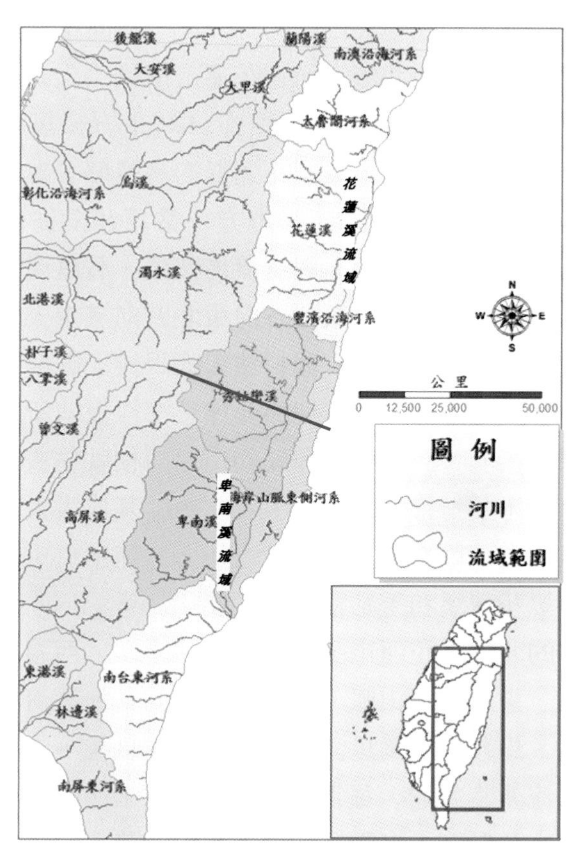

圖6-1　花蓮溪、卑南溪流域位置圖

上圖擷取自：經濟部水利署、余紀忠文教基金會林書楷製作2011.10（2014.2.10）http://www.yucc.org.tw/water/spatial/atlas/north-area/east-area/view

第一節　花蓮溪流域

流域概述

花蓮溪的發源地在中央山脈的丹大山，在向東流入花東縱谷後，沿著縱谷平原轉向北流，而在花蓮市南區注入太平洋。花蓮溪的河流長度約57公里，流域面積約1507平方公里。花蓮溪所流經的縣市包括了花蓮市，以及花蓮縣的壽豐鄉、吉安鄉、光復鄉、萬榮鄉、鳳林鄉、秀林鄉等地方。當花蓮溪從山谷流出以後，向東流到了大豐村附近，與支流馬鞍溪、萬里溪、壽豐溪和木瓜溪匯合，再繼續沿著花東縱谷向東北方向流走，最後在海岸山脈最北端的花蓮山附近的永興村注入太平洋（圖6-1-1）。

由於花蓮縣是歐亞大陸板塊與菲律賓海洋板塊所擠壓而成，所以是震源密集的分布區，花蓮縣的山地面積就佔去總面積的近90%，而以花蓮溪、秀姑巒溪爲主要河川，其他大大小小的河川也有十幾條，支流就像密密麻麻的血管分佈在中央山脈。花蓮衆多河川當中以花蓮溪和秀姑巒溪爲主要。

花蓮溪的北邊爲花蓮市，南邊是秀姑巒溪，西邊臨界中央山脈及南投縣，東到海岸山脈。花蓮溪流域的其他溪流由南往北依序是光復溪、馬鞍溪、萬里溪、壽豐溪及木瓜溪，上游支流的坡度很陡，水流非常急速，每當遇到颱風洪水來臨時，溪流就會挾帶大量的泥土及砂石，在數小時內由從山谷流衝到縱谷平原。當河水流出谷口以後，坡度由原先的陡峭地勢忽然變得平緩，而使得砂礫淤積在下游平原地段，易造成河床壅高，形成水患，影響

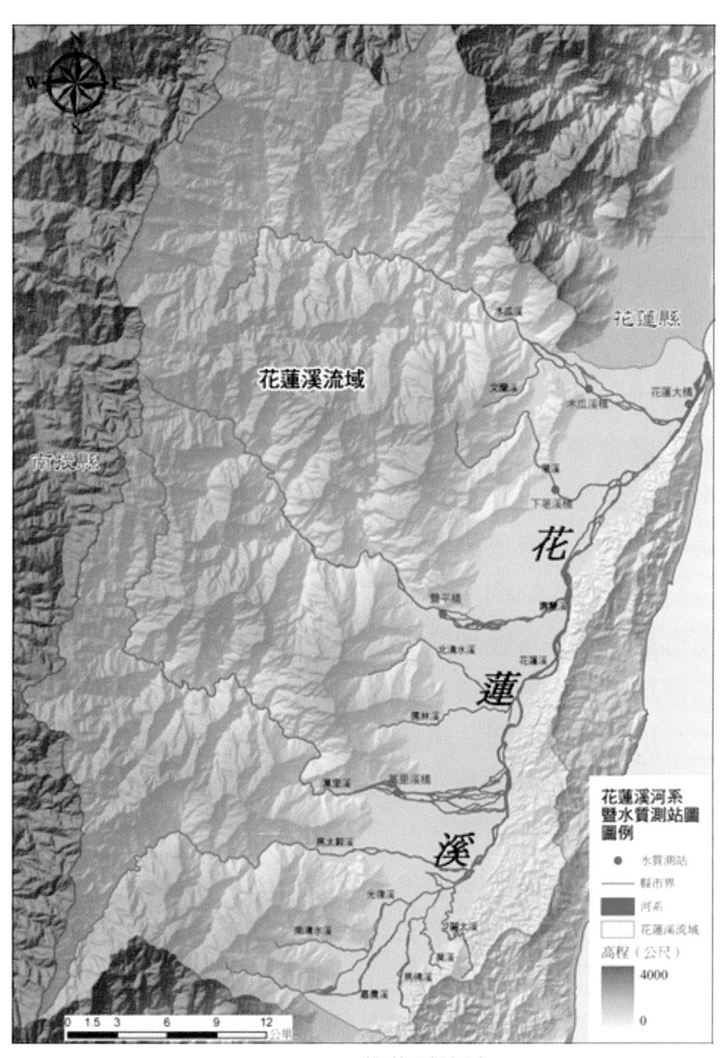

圖6-1-1　花蓮溪流域

上圖擷取自行政院環保署（2014.2.5）http://gis.epa.gov.tw/epagis102/MainImageShow.aspx?id=19

岸邊人民的生命財產安全。

花蓮溪出海口自然生態保護區位於花蓮溪口處，由於那裏也是河、海、山的交界處，所以也成爲自然生態的交會處。這裡的地質與地形景觀都頗爲豐富。而花蓮溪口因爲長久以來一直是阿美族的漁場，河口魚類豐富，魚類總計有十九屬二十二種之多。此外，還有多種鳥類、哺乳動物、爬蟲類及植物等。

歷史演進

花蓮是一個族群繁多的地區，這裡包含了阿美族、泰雅族、布農族、噶瑪蘭族、閩南人與客家人……等。可說是多元化族群的融合，而這也正是花蓮最爲寶貴的人文資產。花蓮溪流域的人口集中在地勢比較高的花東公路附近，漢族人的祖先初抵花蓮時，就是從花蓮溪口的南濱灘頭登陸的，他們依靠著天然的港灣而逐漸形成城鎮，慢慢地帶動了當地的經濟繁榮。

花蓮最早被泰雅族稱之爲「哆囉滿」。葡人稱之爲「里奧特愛魯」。阿美族讚美居住東台灣之代名詞爲「崇爻」。阿美族又稱其居住之地爲「澳奇萊」。後人又稱「奇萊」或「岐萊」。花蓮開發多少亦有地名因素，在漢人移居之前，原住民取名以自然位置與地形、特殊產物或發生事故命名的，漢人開拓花蓮之後，則因拓殖建置的初景、歷史的動機、或日本移民因思鄉而以其本國地名命名，當然也有語言傳訛而來的地名。

花蓮溪沿岸的農業區以種植水稻與甘蔗爲主，其次是雜糧。十六世紀，葡萄牙人航海經過了台灣海峽，當他們繞到了台灣東部的海岸，發現了砂金，於是就以葡萄牙以產金而聞名的河流

「里奧特愛魯」來稱呼花蓮。在過去，花蓮溪口一代的海岸也有許多砂金，而日治時期日本人還曾經把吉安與田浦一帶定爲砂金礦區。花蓮市又被稱爲「大理石城」，其市區主要道路的牆面、步道以及安全島都是以大理石的碎片堆砌建造出來的，甚至在所有公共空間堆放、製做的藝術作品，也多是以大理石雕刻、拼貼而成的，美侖美奐的圖案與藝術創作，讓花蓮市的地方色彩充滿濃厚的藝術氣息。

自然生態

花蓮幅員遼闊，山林廣布、溪流縱橫，橫跨亞熱帶、熱帶兩氣候區，境內涵蓋太魯閣國家公園、花東縱谷、東海岸三大區域，外圍有溫暖的太平洋黑潮流經，提供野生動植物豐富良好的棲息環境，隨水文、氣候、地形等條件的變化，展現多采多姿的生態系面貌。

花蓮海岸線綿延狹長、海水潔淨，其間地質變化複雜，加上江河入海、周邊洋流迴繞，以及海底的岩層組成，使海岸擁有河口、砂岸、礫岸、岩岸潮間帶、近海表層、岩礁底、珊瑚礁、大洋表層等生態系。

野生動物以鳥類一百餘種最多，以烏頭翁、朱鸝、台灣藍鵲、綠畫眉、環頸雉爲代表；代表性哺乳動物有台灣獼猴、白鼻心、長鬃羊、山羌等稀有的保育類動物；淡水魚類則是極爲珍貴的資源，最具代表性的有高身鏟頷魚、何氏棘魞及菊池氏細鯽等台灣特有種。

流域里山分類

里山分類	代表地區	地形圖
山林里山	代表地區爲**秀林鄉**，本鄉位於花蓮縣之北端，爲太魯閣族傳統領域，境內多高山極少平地，境內遍布高山峻嶺、斷崖、溫泉及森林風景區。高山峽谷巍峨壯麗，古木參天，懸崖震撼攝人，瀑布飛雲，山林風景，美不勝收，令人嘆爲觀止。	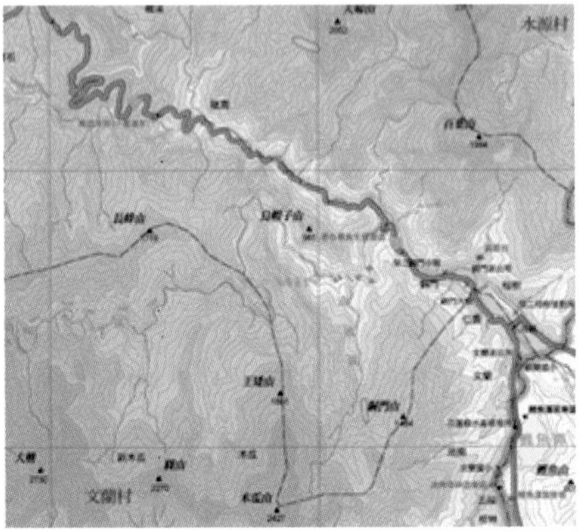
台地里山	代表地區爲**光復鄉**，本鄉位於花蓮之中區，在東部的花東縱谷上，地處中央山脈與海岸山脈之間陝長的河谷平原之中部，位於沈積台地或扇狀地上，土地利用主要爲旱田。並有馬太鞍溪、光復溪和花蓮溪流經境內，形成有山有水的美麗景致，加上豐富的原住民阿美族文化，讓光復鄉成爲台灣著名的旅遊勝地。	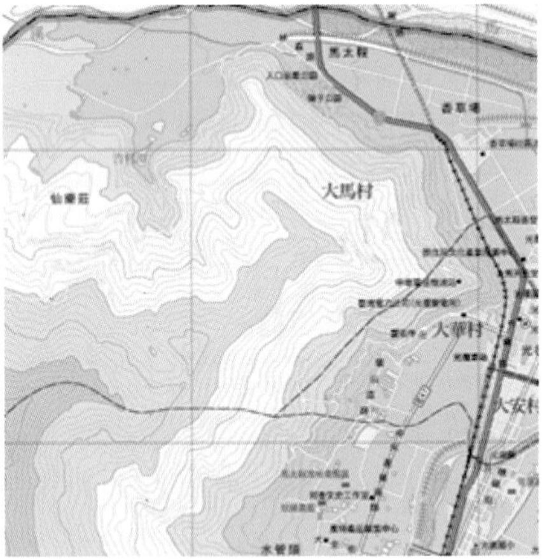

（接下頁）

里山分類	代表地區	地形圖
谷間里山	代表地區爲**萬榮鄉**，本鄉位於花蓮縣之中隅，花東縱谷北西側，屬山坡地形，南北狹長，西傍中央山脈，幅員廣闊，因位在中央山脈上，故地勢較爲陡峭、起伏較大，全境皆爲山地，平地極少。氣候則隨海拔高度而變化。擁有豐富的太魯閣族文化，還有布農族和泰雅族，觀光資源十分豐富。	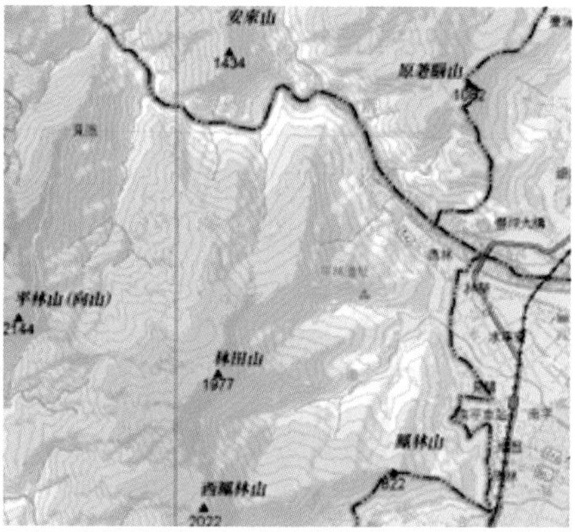
平原里山	代表地區爲**壽豐鄉**，位在縱谷平原上，東邊和西邊分別有海岸山脈和中央山脈，境內還有花蓮溪的支流木瓜溪、知亞干溪、荖溪等匯集，形成沖積平原，水田密布。 地處花東縱谷國家風景區最北端的鯉魚潭，湖光山色，風景清幽。本鄉擁有天然湧泉與無污染的自然環境，漁場裡養出一粒粒黃金光澤外殼的黃金蜆，遠近馳名。	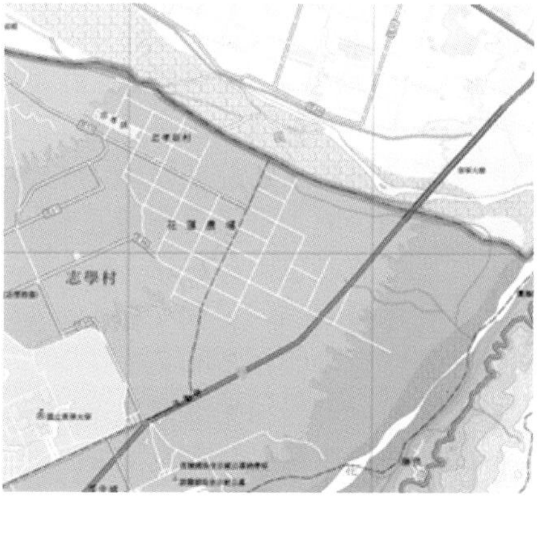

（接下頁）

里山分類	代表地區	地形圖
里川	代表地區爲**鳳林鎮**，由花蓮溪和萬里溪沖積而成的花蓮縱谷平原地帶，土壤肥沃且水源充足，因此鳳林鎮更是花蓮著名的米倉，並發展出相當著名的農林畜牧業。境內有壽豐溪、北清水溪、鳳林溪、萬里溪、馬太鞍溪和花蓮溪流過，山地爲主、河川地形爲輔，成爲有山有水的好環境。林田山兼具自然山林、人文藝術的氣息於一身。	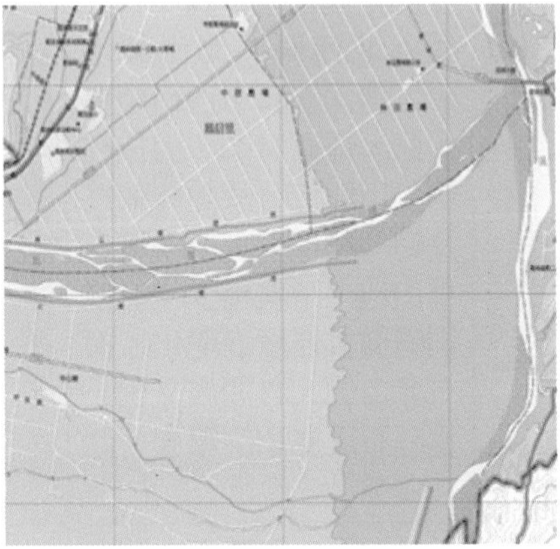
沙濱里海	代表地區**吉安鄉**，位在中央山脈東側、倚靠屬於七腳川山系的慈雲山，東濱臨太平洋，其餘地區皆爲沖積平原，不僅農業發達工商貿易也十分熱絡。吉安鄉豐富的阿美族文化，其中有兩個相當聞名的祭典，分別是阿美族捕魚祭和阿美族豐年祭。	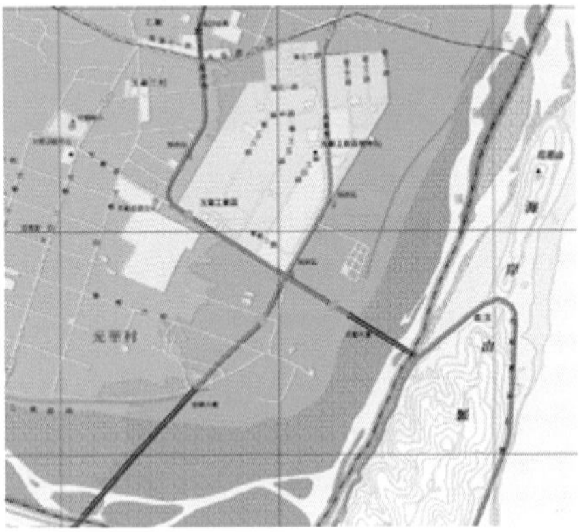

里山特色潛力點

1.秀林

秀林鄉位於花蓮縣北半部，面積1,642平方公里，是花蓮縣總面積的三分之一，相當於整個彰化縣。秀林鄉不但是花蓮縣轄下最大的行政區，也是臺灣省最大的鄉治。秀林鄉的地形狹長，南北相距86公里，東西橫寬約30公里，形狀有如一彎明月，境內高山峻嶺，佔全鄉面積93%，平地只佔3%，其餘的4%就是短促湍急的河川。秀林鄉境內山岳丘陵峰嶺相接，愈往西，山勢愈危峻，是中央山脈的一部份。在秀林鄉，超過三千公尺名列臺灣百岳的高山有二十幾座，如南湖大山、中央尖山、甘藷峰、奇萊山、能高山、知亞干山等。這些山連成一條線，爲中央山脈上主要稜線，是臺灣東西分水嶺，也是秀林鄉的西界。南湖大山山景壯麗，號稱「帝王頭」，在臺灣五嶽中排名第四，是中央山脈的第三高峰，位居中央山脈北段盟主，也是太魯閣國家公園群峰之首。

古蹟：九曲洞、二子山溫泉、三棧玫瑰谷、文山溫泉、水濂洞、白楊步道、合歡山森林遊樂區、池南森林遊樂區、長春祠風景區、神祕谷、清水斷崖、富士遺址、翡翠谷、慕谷慕魚生態廊道及燕子口等。

物產：花卉、蔬菜、水蜜桃、甜蜜桃、生薑、山蘇及蕨菜等。

照片　秀林山林景觀。是台灣最大的鄉，高山峻嶺，百岳中擁有20幾座的高山均在此，充滿山地風情。

照片2014.2.12擷取自：GoogleEarth街景圖

省思：然而，這些巧奪天工的大自然與秀林鄉原住民豐富的傳統文化，您覺得不會因工業區及交通的開發而毀於一旦？最後可能的圖像期待不是原貌付諸東流慘不忍睹。

2.光復

光復鄉位於花蓮之中區，在東部的花東縱谷平原，全年溫差不大，氣候宜人，四季如春，空氣清新，是一個極適合人類居住的生活環境。光復鄉當時的地名爲「馬太鞍」，即阿美族語指的「樹豆」，以前此地爲河川沖積地，到處長滿樹豆，原位民採取樹豆爲主副食，因而得名並沿用久遠。魚蝦在溼地清澈的流水中永續繁衍，生態資源豐富。光復鄉北連鳳林鎮、萬榮鄉，南接瑞穗，東鄰豐濱，爲一狹長平原地形。本鄉東近海岸山脈，西傍中央山脈，地處二大山脈之間，登上馬錫山遠眺，一片蔥綠田野，如圖畫美麗。光復鄉境內主要河川有馬太鞍溪、花蓮溪、光復溪、次要河川有嘉農溪、馬佛溪、麗大溪等，馬太鞍溪爲主流，境內大小溪匯合流入太平洋。

景點：忘憂谷欣綠農園、花蓮觀光糖廠、砂荖文化開拓紀念碑、砂荖遺址、原野迷宮、太巴塱部落及馬太鞍溼地生態區等。

物產：水稻、蔬菜、文旦柚、箭竹筍、黃藤心、檳榔、落花生、玉米、樹豆、紅糯米及黑糯米等。

照片 **光復鄉馬太鞍一帶景觀。利用休耕方式，達到生態多樣著名，富含里山精神。**

省思：位於本鄉的或是北從新城鄉，南至富里鄉台糖廣大國有農耕地是否能租賃給當地農民之餘，也回饋大地一塊乾淨、肥沃的土地及無毒、有機農產品給普羅大衆？實踐里山倡議的最佳典範不就是從國有地開始？

3.萬榮

本鄉位於花蓮縣中區，花東縱谷北段西側，北連壽豐鄉，南接卓溪鄉，東側與鳳林、光復、瑞穗等鄉鎮爲鄰，全境屬山坡地形，南北狹長達45公里，平均海拔高度600公尺，西傍中央山脈。由於本鄉境內山地地形較多，因此發展地區大部分聚集在平原地區。交通方面有花東公路及鐵路於平原帶經過。而本鄉除農特產品外，亦擁有豐富之溫泉資源。

本鄉保有許多原始森林面貌，讓生活在都市的民衆亦能體會森林的奧妙，七彩湖則是登山民衆的最愛。而紅葉溫泉發源於紅葉溪上游的虎頭山，和瑞穗溫泉及安通溫泉號稱花東縱谷的三大知名溫泉區。

景點：花蓮紅葉溫泉、二子山溫泉、七彩湖及萬榮溫泉（鴛鴦谷溫泉）。

物產：山蘇、地瓜及箭竹筍等。

照片　萬榮里山景觀

照片　萬榮鄉谷間景觀。平地僅3%，屬於高山的鄉里，崇山峻嶺環繞，遺世而獨立也能永續，主要靠的就是各間里山環境。

省思：「一支草一點露」，與大自然相處之道就在互助共生，不擷取太多大自然的資源，它就能源源不絕提供你生存所需的資源。

4.壽豐

壽豐昔稱鯉魚尾，位於花蓮縣之中心位置，呈狹長形，西有中央山脈東臨太平洋，幅員遼闊，土地肥沃，物產豐富，民風純樸。壽豐鄉人口包括原住民、清代時期漢人入居、日治時期客家人移入、光復後外省族群落戶，是族群融合及文化之鄉。東臺灣最大的天然湖泊鯉魚潭，青山環繞湖水邊，黃昏彩霞映湖水，風景如畫。海岸線自然風光，處處觀光旅遊景點。壽豐鄉地理鍾靈毓秀、物產富饒，兼具歷史的遺跡、人文、自然生態、景觀及特色物產等。

景點：大坑遺址、水璉遺址、東海岸國家風景、花蓮海洋公園、陡堐跳浪、蕃薯寮遊憩區、鹽寮遊憩區、鹽寮遺址及立川漁場等。

物產：蔬菜、蕃茄、玫瑰、木瓜、西瓜、高接梨、火龍果、蝴蝶蘭、鳳梨釋迦、桑椹、文旦柚、哈密瓜、向日葵、花胡瓜、山藥、山蘇、黃金蜆、龍蝦、泰國蝦及放山雞等。

照片 壽豐里山景觀

照片　壽豐鄉縱谷平原靜謐與潔淨的水資源環境，養殖業興盛，人間淨土。

省思：天然的最好，何必過度以人工建築物去營造景觀，當然適度的開發無法拒絕。然而，過度開發甚至將先人遺留至今的傳統習俗抹滅或讓大自然遭到難以回復的破壞，則將得不償失。

5.鳳林

阿美族語稱本地爲「馬里勿」，是上坡的意思。以前這一帶森林叢密，有一種叫木蘭的植物會繞樹滋長，形狀有如鳳凰展翅一般，漢人來到這裡墾荒，見此情況便叫這裡爲「鳳林」。清嘉慶年間隸屬臺東直隸州，置鄉，轄今鳳林以南鄉鎮。日治時期設鳳林郡、歷鳳林街等名。1945年臺灣光復，廢街稱鎮，1947年將光復鄉劃出。本鎮位於花東縱谷本縣境內最中間地帶，平原佔40%，河川地形佔30%，餘爲山坡地帶，面積20餘平方公里，北以壽豐溪（支亞干溪）與壽豐鄉爲界，南與馬太鞍溪與光復鄉爲鄰，西接萬榮鄉及中央山脈，東隔海岸山脈與豐濱鄉毗鄰。

轄內河川縱橫，東西流向計有壽豐溪、北清水溪、鳳林溪、萬里溪、馬太鞍溪等，南北流向有沿海岸山脈的花蓮溪。轄內氣候溫和，極適農業生產，分布典型農村社會。林田山曾是東部山林伐木最大的集材場，雖然不是台灣最大的林場，卻在過去環境、聚落及生活文化方面保存的最完整。日治時期便已建置運材鐵道六十八公里，直至海拔二千五百公尺，繁榮風華於一時，因此留下許多建築房舍、商店、劇院等人文遺跡。

景點：中原農場、兆豐農場、林田山農場、鳳林遊憩區及鳳凰瀑布風景區等。

物產：西瓜、花生及剝皮辣椒等。

照片　鳳林里山景觀

照片 **鳳林鄉濱溪景觀，溪流縱橫，水量豐富，縱谷區中，阡陌良田。**

省思：過去人口外流嚴重，傳統農業經營遭到挑戰轉而由企業界主導的畜牧農場成為新章節。然而，本著良知與「保育環境永續經營」的態度，我們還是呼籲在地農友不要輕易放棄農耕，小農經營可以養活過去也定能養活未來。何況，縱橫的河水，魚蝦類多；只要沒有濫墾濫建，河流永遠有取之不盡的豐富魚穫。

6.吉安

本鄉位於中央山脈東側，西倚慈雲山（屬中央山脈東臺岩片的七腳川山系）海拔高度約二千三百公尺，聳立如屏、翠綠如畫，一片蒼翠蓊鬱、青山綠野，景觀天成。吉安平原規畫整齊之農田阡陌縱橫，景色如織。濱花蓮溪出海口，臨太平洋的碧海藍天，當風雲變幻時，相交輝映，彷彿別有一番人間天地，令人心神嚮往。吉安鄉是花蓮縣最具發展力的鄉鎮，人口僅次於花蓮市，爲全縣第二，但其面積卻是花蓮市的兩倍有餘。境內多爲廣闊的沖積平原，地質肥沃水源充沛，加上受太平洋氣流之調節，氣候溫和，地理環境條件得天獨厚。本鄉又因毗鄰花蓮市，鄉民進出都以花蓮市爲中心，成爲花蓮市的工商業腹地，因而工商發展迅速。

景點：吉安慶修院、吉安橫斷道路開闢紀念碑、君達香草健康世界、東海岸國家風景特定區及阿美文化村等。

物產：由於吉安鄉地質、風水具有天然靈氣、並引灌木瓜溪清源之水，生產之芋頭，已取代日治時期曾爲「日本天皇」專用珍品的「吉安一號米」，由於品質好、風味佳，在全省各消費市場佔有一席之地。其他有花卉、韭菜、龍鬚菜、甜椒及山蘇、過溝菜蕨等。

照片　吉安里海景觀

照片　吉安花蓮溪出口碧海藍天雲霧飄渺景觀，河海交會處，漁夫駕舟穿梭斜風細雨煙波中，沙濱上也不乏漁夫垂釣努力加餐菜。

省思：鄉公所網站推崇本地為台灣最適合退休居住的幸福小鎮；顯然水準也必然高些，則生活品質及環境上的要求我們也期待能相對提昇。甚至，對於傳統文化或祭典的保存是否也該重視？何時再現「阿美族的捕魚祭」？

第二節　卑南溪流域

流域概述

卑南溪位於台灣東南部，屬於中央管河川，是台東縣境內的主要河流，有時又稱爲卑南大溪，是台東第一大溪，卑南之名是爲了紀念卑南族的大頭目。全長約有84公里，流經台東縣的七個鄉鎮市，分別是台東市、卑南鄉、延平鄉、鹿野鄉、關山鎮、

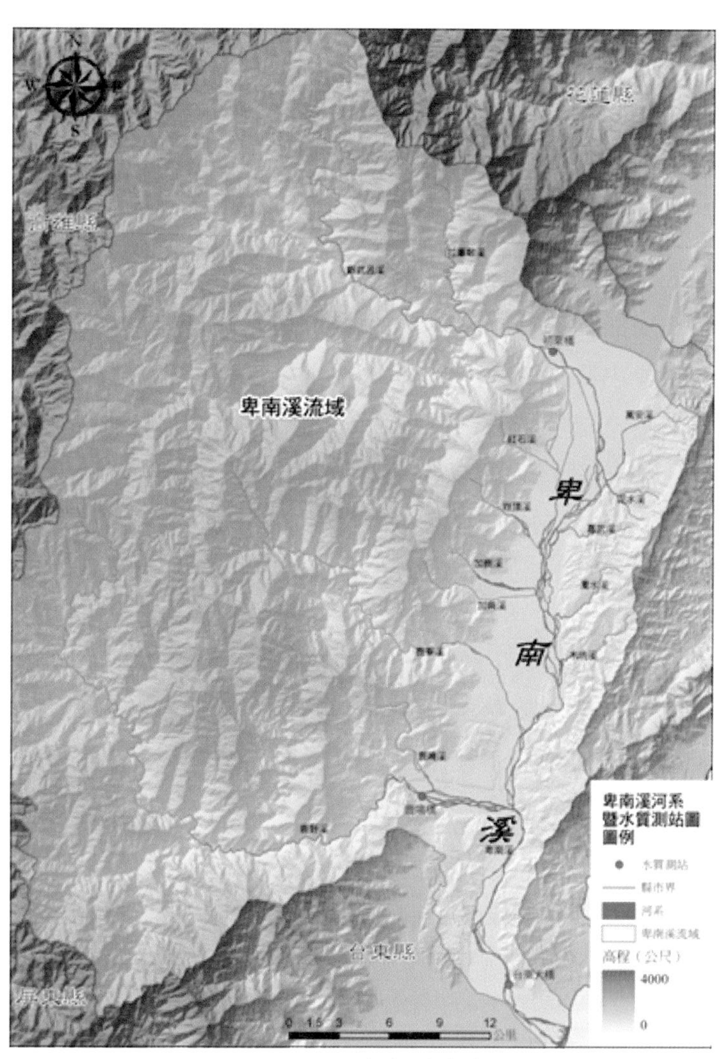

圖6-2-1　卑南溪流域

上圖擷取自行政院環保署（2014.2.5）http://gis.epa.gov.tw/epagis102/MainImageShow.aspx?id=17

海端鄉、池上鄉。流域面積約有1,603平方公里，是灌溉台東平原的主要河川。日本領台時興築「卑南大圳」，引卑南溪溪水，是台東最大的水利工程。

卑南溪主流（最長河道）上游爲新武呂溪，其最遠源流爲大崙溪，發源於中央山脈標高3,293公尺的卑南主山東側，支流爲鹿野溪、鹿寮溪。在卑南溪最著名的景觀是山裡至岩灣河段，該河段的西岸地質景觀獨特，約有四公里的尖壁地形，常被稱譽爲台東赤壁或小黃山。

卑南溪流域位於台東縣境內，北鄰秀姑巒溪流域，東界海岸山脈分水嶺，南接太平、利嘉二溪，西至中央山脈與高屏溪流域分踞東西向。主流（大崙溪）發源於中央山脈卑南主峰（標高3,293公尺），循天然山谷東流，於台東市北郊注入太平洋，與秀姑巒溪、花蓮溪並稱台灣東部三大水系。流域內山區約佔70%，平地僅約30%，除鹿寮溪、鹿野溪二大支流外，尙有甚多小支流，以左岸之萬安、泥水、嘉武、濁水、木坑及右岸崁頂、紅石、加鹿、加典等溪較爲重要。

卑南溪流域屬亞熱帶氣候，年平均降雨量爲2,100毫米，大部份集中於每年5月至10月，年平均降雨量分布隨地勢升高而增大。卑南溪的流量豐枯水期分明，流量變化以6月至10月爲豐水期，11月至5月爲枯水期。卑南溪相較台灣其他重要河川，泥沙含量高且水流湍急。中游河段及支流新武呂溪魚類保護區，棲地環境穩定，生物呈現多樣化態勢。

卑南溪流域於地理位置上屬於台灣東南部，流域內除有東線鐵路、花東公路及池富產業道路縱貫其間外，另有南迴鐵路及南

迴、南橫、東成公路做爲對外主要交通路線，可銜接全台各地。卑南溪游域沿岸有池上、關山、鹿野及台東四大沖積平原，以農業爲主要經濟來源，主要農產品有稻米、甘蔗、鳳梨、釋迦、茶葉、玉米等，尤以稻米爲最大宗，「池上米」著稱全台。工業則以輕工業爲主，多屬農產品加工類，集中於台東市附近；商業則分集於池上、關山、鹿野、台東等地，以台東爲其中心，由於東台灣近年來開發迅速，觀光事業蓬勃發展，已直接帶動工商業之成長。

卑南溪口土地利用大致可分爲農地、河域及河床、河灘地、人工水域、公園及混植林。卑南溪河道及高灘地長年被居民利用於農作使用。

歷史演進

美麗的卑南溪，卑南溪位於台灣東南部，屬於中央管河川，是台東縣境內的主要河流，有時又稱爲卑南大溪，它是台東第一大溪，卑南之名是爲了紀念卑南族的大頭目。全長約有84公里，流經台東縣的七個鄉鎮市，分別是台東市、卑南鄉、延平鄉、鹿野鄉、關山鎮、海端鄉、池上鄉。流域面積約有1,603平方公里。是灌溉台東平原的主要河川。日治時期興築的「卑南大圳」即引卑南溪溪水，是台東最大的水利工程。

自然生態

卑南溪口濕地包括琵琶湖、鷺鷥湖等海岸濕地區塊，藻類、蕨類、種子植物、螺貝類、魚類、鳥類等生物種類多，也是候鳥過境重要棲息地之一。這裡的棲地類型包括溪流、石礫地、潮間帶、琵琶湖、活水湖及黑森林（防風林）等。近海處有一處地下湧泉所形成天然湖泊，稱爲琵琶湖，是一個珍貴的河口海濱濕地，是距離台東市區最近的天然湖泊。鄰近尚有棲息許多鷺鷥、野鴨、樹蛙、雉雞、魚類的鷺鷥湖與高度人工化的活水湖。防汛道路南邊有低度開發、自然演替的防風林。

溼地南側的防風林與琵琶湖周邊由縣政府劃設爲台東森林公園，與濱海公園連接，公園中設有遊客中心及自行車道，是台東市郊重要的休閒綠地。北側的「活水湖」原爲沼澤溼地，後經人工開闢成湖，該地區陸域生物的多樣性低，多爲台灣平地常見之物種，較不具有特殊性，但琵琶湖與海岸溼地的水域生物則較具有台東淡水湖沼的代表性。

卑南溪口溼地及周邊地區共紀錄到鳥類38科88種。其中計有保育類10種，包含瀕臨絕種的一級保育類黃鸝，珍稀二級保育類八色鳥、小燕鷗、台灣畫眉、烏頭翁、魚鷹、環頸雉，以及其他應予保育的三級保育類大杓鷸、紅尾伯勞及燕鴴。台灣特有種記錄到小彎嘴、台灣畫眉、烏頭翁等。

流域里山分類

里山分類	代表地區	地形圖
山林里山	代表地區爲**海端鄉**，地正當新武呂溪出中央山脈轉向南流，進入花東縱谷之處，宛若兩山間之缺口位，於丘陵地到山地之間。土地利用主要爲林地、水田及旱田。林間鳥類數量甚多，深山尚可見山豬、穿山甲、山羌等保育動物徜徉在山林之間。秀麗山景，實屬寶島罕見淨土。	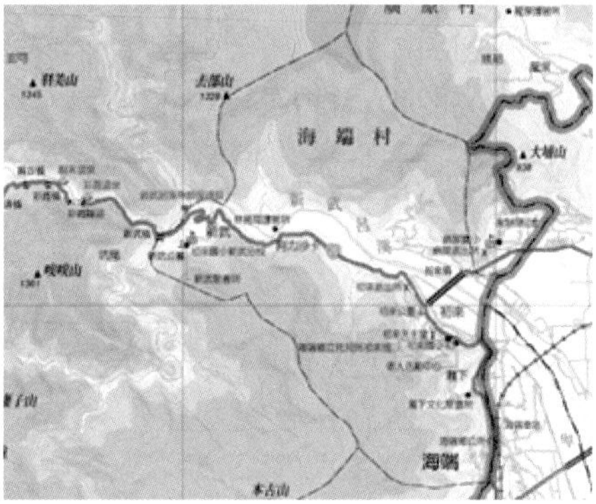
台地里山	代表地區爲**鹿野鄉**，全鄉位於熱帶地區，東部海岸山脈爲宜林畜牧區，西南部屬丘陵，宜種植特種作物，中北部爲平原地帶，土地肥沃。地形因板塊運動及河川侵蝕之故，河階之地遍布。鹿野位於花東縱谷區內，有高山、丘陵、台地及平原，大面積牧場最具特色。鹿野集東部農特產之菁華，展現了多樣化的農業特色。	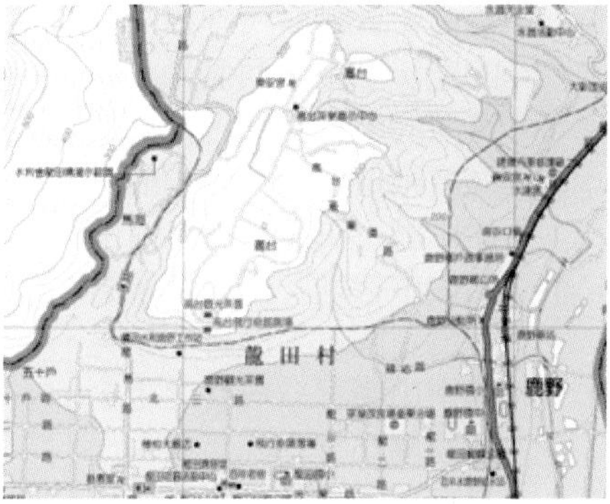

（接下頁）

里山分類	代表地區	地形圖
谷間里山	代表地區爲卑南鄉，卑南鄉位於台東縣中部、花東縱谷平原南方，中央山派和海岸山脈所夾，鄉境內地形以山地爲主，有利嘉溪、知本溪和卑南溪等流經。縱谷地形，可以盡覽崇山奇嶺之美，未經人爲過渡開發的野地，保留了自然原味的生態。天然溫泉區吸引許多遊客前往，成爲台東地區最富盛名的遊覽勝地。	
平原里山	代表地區爲**池上鄉**，全鄉地處花東縱谷中部偏南，係由新武呂溪所沖積而成的肥沃平原，西側是高聳寬廣的中央山脈，東側是高度稍低但山勢陡峭的海岸山脈，平原有如半封閉的山中谷地；向南則視野較爲遼闊，至鹿野溪始見卑南山横亙於縱谷之中，氣候屬熱帶季風氣候，雨量充沛，造就了聞名全國的優質池上米。平原寬闊完整。山脈與陡峭的斷崖下接平原，氣勢磅礡，風光秀麗。	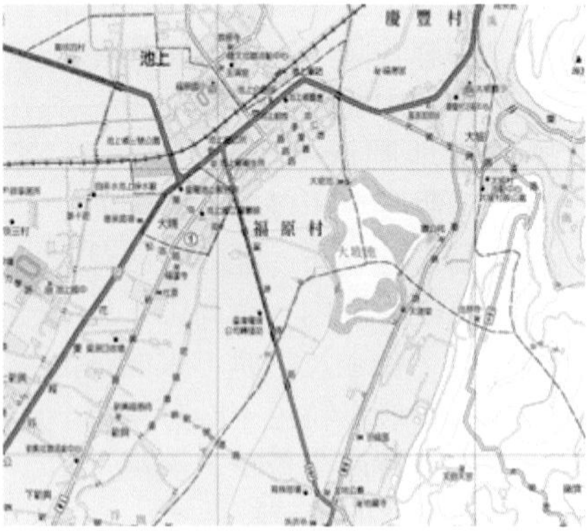

（接下頁）

里山分類	代表地區	地形圖
里川	代表地區爲**關山鎭**，本鎭位於花東縱谷的南段，是由海岸山脈、中央山脈二面夾山而成的山城。橫跨卑南大溪東西兩岸，山麓地帶森林蓊鬱，草澤遍野。卑南西岸沖積扇端終年不息的湧泉，及海岸山脈豐沛的山泉，山與水已融入常民的生活經驗。親水公園不但具經濟效益，且提供鎭居民優質的休憩空間。	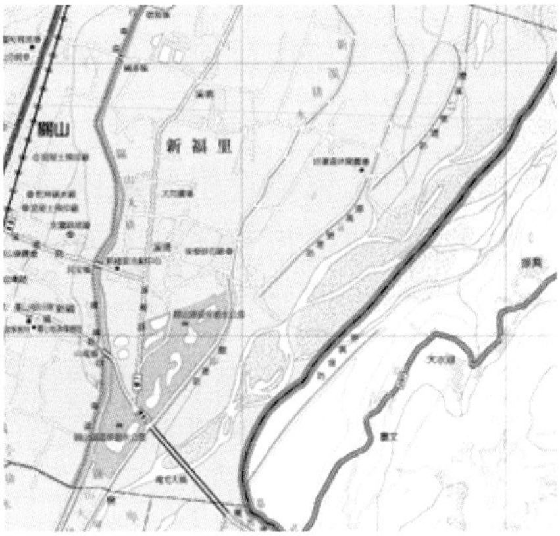 關山 新福里
沙濱里海	代表地區**台東市**，居台東三角洲平原，主要由卑南大溪、太平溪、利嘉溪、知本溪沖積而成，屬片岩沖積扇平原，主要以含石礫之砂質壤土爲主。台東市位於台東縣核心地帶，是鐵、公路、海、空交通之輻輳點，市內有小野柳、森林公園、琵琶湖、海濱公園等濱海景點，充滿南國風情。	 洋

里山特色潛力點

1.海端

位於臺東縣境北端西側，中央山脈縱貫西北，北接花蓮縣卓溪縣，西毗高雄市桃源區，南與延平鄉為鄰，東銜池上鄉與關山鎮。地理區位為台東、高雄、花蓮三縣交接口，又為南部橫貫公路出口處，花東縱谷平原以內，交通相當便利。境內的自然環境壯麗，景緻優美以及豐富的原民文化。

景點：彩霞溫泉、轆轆溫泉、栗松溫泉、碧山溫泉、霧鹿溫泉、暇末溫泉、向陽森林遊樂區、碧山溫泉、霧鹿砲台、新武呂溪魚類保護區、天龍吊橋、埡口風景區、利稻風景區、佛緣禪寺、縱關日月亭、龍泉瀑布及加拿瀑布等。

物產：本鄉水稻種植於卑南溪上游地區，水質良好，因此能夠栽種出品質優良之水稻。高冷蔬菜（高麗菜、青椒、番茄、山蘇）種植於本鄉高海拔地區，氣候濕冷，是最適宜的環境，另外還有高山茶及甜桃等。

照片　海端里山景觀

照片　**海端鄉如詩如畫山林風情；中央山脈與海岸山脈之間的廣闊平原一望無際的阡陌良田。**

省思：布農族人在本區過去的習慣以山田燒墾及狩獵為主要生活方式，本質上充分顯露山林里山的特色。倘能秉持過去堅持尊重大自然的本能，保護大地、山林、溪水不致過度濫捕濫墾相信能成為台灣山林里山之典範。

2.鹿野

本鄉位於台東縣東北，東與東河鄉，西與延平鄉，南與卑南鄉，北與關山相毗鄰，全省唯一階梯地形鄉，面積約88平方公里。東部海岸爲林畜牧區。西南部屬丘陵地，宜種植特種作物，中北部爲平地帶，土地肥沃，可耕面積約3865公頃，餘爲林地、山地、建地、交通、水利、河川等有500公頃，鹿野位於花東縱谷區內，有高山、丘陵、台地及平原，其中以大面積的梯田最具特色，更有充足的陽光，純淨零污染的空氣，豐沛乾淨的水資源，依水傍山，風光明媚，因此孕育了多元化的農產品，使鹿野地區的農業成爲最具競爭力的產業。

景點：高台觀光茶園、鹿野觀光茶園、劇場河階景觀、瑞原牧場、武陵監獄農場、永安農場、鹿鳴溫泉、盈家溫泉、百年老樹、龍田北三路綠色隧道、武陵綠色隧道、刺桐樹、高台飛行傘起跳場、泡泡泥火山、台糖瑞源農場、飛行傘降落場。

物產：鹿野集東部農特產之菁華，展現了多樣化的農業特色有稻米、蔬菜、花卉、紅甘蔗、香蕉、枇杷、波蘿蜜、茶葉、鳳梨、番荔枝、土雞及紅龍果等。

照片　鹿野里山景觀

照片　鹿野台地景觀。居高臨下，縱谷風光盡收眼底。

省思：得天獨厚的地理條件造就鹿野地區的農業成為最具競爭力的產業。然而，百年的優良農耕地利，宜常思考如何永續，否則好不容易維持了百年的富饒耕地，可能在數年之間就因為化學肥料、農藥及除草劑的濫用而毀於一旦。

3.卑南

卑南鄉位於台東縣的中西部，東經121度，北緯22.3度，花東縱谷平原的南端，本鄉東與台東市、東河鄉毗連，西鄰高雄市，南接太麻里鄉，北與鹿野鄉、延平鄉，均以天然山脈毗連爲界。地理位置上，有太平洋洋流與黑潮協助調節氣溫，一年四季天氣皆適中且幾乎都不缺水，具有熱帶雨林氣候的多樣性生物。

卑南鄉境內地形以山地爲主，有利嘉溪、知本溪和卑南溪流經，有山有水的景觀卑南鄉旅遊相當興盛，山水之貌讓遊客體驗卑南之美，近年來知本溫泉的蓬勃發展更是讓卑南鄉聲名大噪。

景點：知本溫泉並素有「東台第一景」的美譽；知本溫泉區內擁有峽谷、瀑布、森林遊樂區等自然景觀。杉原海濱位於都蘭灣南端，是台東縣唯一的海水浴場，此地沙灘平坦、風平浪靜，腹地呈圓形狀向外伸展，佔地廣闊，極具休閒觀光價值。其他有巴蘭舊社遺址、初鹿牧場、小黃山、觀林吊橋、千歲榕、蝴蝶蘭觀光農園、利吉月世界、小熊渡假村、達魯瑪克紀念碑、台東藝術村及原生應用植物園。

物產：釋迦爲本鄉著名產物，其他作物如稻米、枇杷、茶葉、高接梨等。

照片　卑南里山景觀

照片　卑南溪谷間景觀。知本溫泉頗負盛名，原爲典型的谷間里山，可惜水土保持的問題，里山風光不再。左下卑南水圳，右下圖爲2006年參觀成功抵擋幾個颱風的卑南溪人力生態工法護岸。

省思：雖然現階段的卑南，除了有歌星張惠妹加持，在地理交通位置等條件下都非常得利。然而，一時的眼前看得到的利益，無法保證永續。人為的便宜行事，大肆開發成便利的水泥叢林，恐怕人禍帶來的土石流災害將難以根除而帶來危害。

4.池上

本鄉隸屬於台東縣，南隅新武呂溪與關山鎮相望，北以秀姑巒溪與花蓮縣富里鄉相鄰，位居中央山脈與海岸山脈間花東縱谷平原要道，地勢平坦廣闊，交通便捷，土地肥沃，氣候溫濕。池上地形有平原，有湖泊，東爲海岸山脈，西爲中央山脈，南臨新武呂溪，更有世界罕見的活動斷層。空氣清新、遠離塵囂，雖處於花東縱谷間，但視野遼闊，深具山水田園景色，寧靜優雅。池上是花東縱谷旅遊線上重要的觀光景點，南橫公路由池上出口，省道縱穿，鐵道自強號停靠，交通十分便捷。

景點：大坡池景觀、台糖牧野渡假村、台東農場及池上蠶桑休閒農場[1]等都是著名的觀光景點。且池上位置適中，是花東縱谷上理想的觀光連線中心。

照片　池上里山景觀

1 國產局收回池上蠶桑休閒農場土地（2016.1.2）https://tw.news.yahoo.com/國產局收回池上蠶桑休閒農場土地-1-圖-025055465.html

照片　**池上縱谷平原景觀，好山好水，孕育成的稻米讓池上便當聞名全台。**

省思：欣見「本鄉已將永續農法、有機農法之新興耕作理念融入稻作之中進行有機米之栽培與生產。」，農耕事業如何傳承與堅持以成重大課題。深思大自然的巧思，三思開發的必要性，延緩開發的腳步似乎也已刻不容緩。

物產：「池上米」產於本鄉，由於境內溪水終年不斷，水中夾雜中央山脈沖下來有機礦物質，內陸沼澤大坡池調節水位，日夜溫差大，沒有空氣污染，因此生產出來的米特別飽滿，香Q好吃。常獲得全國良質米總冠軍，池上便當更享譽全國。平面麵的發明是池上之光，蠶絲被亦是池上名產。

5.關山

關山鎭位於台東縣中北方，北連池上鄉、西接海端鄉、南臨鹿野鄉、延平鄉，爲縱谷五鄉鎭之行政中心。本鎭與池上鄉及鹿野鄉爲鄰，同爲通谷地貌，地勢平坦適合農業發展。1960年關山大圳完成後，水利設施日趨完善，本鎭農業發展進入高峰。本鎭的開發甚早，清初，平埔族人即已進入關山開墾，隨後阿美族人也跟進聚居建社，漢人則在清光緒晚期始移入開墾。

關山鎭處於花東縱谷平原南段，西鄰中央山脈，東鄰海岸山脈，爲狹長且平直的河谷地形，海拔高度大約在500公尺以下，屬於斷層谷的地形，有許多從中央山脈沖積堆積而成的麓鹿沖積扇，而卑南大溪內擁有相當豐富的河階地形，在土壤表層有很深的紅土層和礫石層，地貌相當豐富。

景點：關山八景、關山鎭環保親水公園、環鎭自行車道、關山大圳、南山寺、好運道休閒農場、香丁觀光果園及傳統住屋景觀區等。

物產：主要爲關山良質米、香米及香丁等。

照片　關山縱谷溪流景觀（一）

照片　關山縱谷溪流景觀（二）

照片　**關山縱谷溪流景觀。關山得天獨厚來自中央山脈的潔淨水流，造就優質關山米。大自然的美景如畫，還需要人工設施來攪局嗎？**

省思：曾經洪水為患，理當重視水土保持。人口稀少卻也成就了多樣的知名農產品：如高接梨、香丁、關山有機米等，辛苦有了甜蜜的代價。這一切如何永續想必是未來重要課題。

6.台東

台東市，舊稱「寶桑莊[2]」居台東三角洲平原，主要由卑南

2　「寶桑」一詞，源自阿美族語paposogan，意指「突丘那方位」，因台東平原及其周圍，有小丘分布，故以「有小丘的地方」為其地名。原為卑南、阿美兩族原住民定居之地，咸豐年間，才有福建與平埔族人，漸次移墾於卑南溪口之南岸。參考自：南一書局-地名由來（2015.12.31）www.nani.com.tw/nani/319db/taitung/taitung/taitung01_2.htm

大溪、太平溪、利嘉溪、知本溪沖積而成，地處台灣東南一隅，位置東經121.10度，北緯22.45度，西起中央山脈山腳等高線與卑南鄉爲鄰，西南臨知本溪與太麻里鄉相望，北臨海岸山脈自黑髮溪沿台糖公司農場與東河鄉爲界，東則面臨太平洋，整體而言是背山面海，地形狹長，是台東縣經濟、交通、文教中心。處處的山地與海洋美景成爲著名的旅遊勝地。

景點：小野柳、森林公園、琵琶湖、鯉魚山、卑南文化公園、史前博物館、十股茄苳綠色隧道、小黃山及富岡漁港等。

物產：臺東市屬於半農業型態的城市，主要的農特產品有釋迦、稻米、荖葉、香蕉及原住民的手工藝品等。

照片　台東濱海景觀

照片　**台東濱海地帶富含沙濱里海的潛在條件。希望水牛的存在能喚醒人們純樸年代的記憶。**

省思：五千年前，台東是台灣人文景觀最發達的地區之一，至今，在海岸山脈東側的海階上，仍分布許多文化遺址。如今，半農型態的都市結構，若能發展生態旅遊，重視水土保持，或許還能發掘出更多的文化遺產，或也能再度發揚潛在的傳統文化，成為世界的焦點。

Chapter 7

結 論

到底身在「宇宙地球號」上的你、我，存在的意義在哪裡？1981年Boney M.-We Kill The World (Don't Kill the World)[1]（歌詞見附錄），2014年也是33年後的今天，作者依然為歌詞裡頭的內涵與精神居然還屹立不搖而心中顫慄不已；核能的陰影、重工業的後遺症、原子彈的恐怖、自然叢林已逐漸被水泥掩蓋、環境荷爾蒙的問題、水銀魚的恐慌等等，而這些威脅當局統統看不到，眼中只有經濟成長。為了不確定的經濟，硬是在溼地中央要蓋一條橫貫公路[2]（圖7-1），難以理解政府部門為何永遠想不到濕地也能帶來永續的經濟繁榮？維護生態價值的概念無法取代金錢，當然也不會有人想費事去深入探討難以具體呈現的生態價值。如此，2010年環境教育法的公布實施意義何在？

1 http://www.youtube.com/watch?v=e1aa04-asyw (2014.2.7)
http://www.lyricsfreak.com/b/boney+m/we+kill+the+world_10045409.html (2014.2.7)

2 http://www.libertytimes.com.tw/2014/new/feb/7/today-life7.htm?Slots=Life (2014.2.11)

茄萣開路劃開濕地 黑琵無處棲

黑琵與高市府都看上 將送環評討論

（記者方志賢、蘇福男／高雄報導）爭議許久的高市茄萣區「1-1號道路開闢工程昨召開專案小組第三次初審會議，環保團體指新闢道路將濕地從心臟剖開，將破壞黑面琵鷺棲息及覓食，初審委員考量將對一級保育鳥類有衝擊疑慮，決議送環評大會討論。

茄萣區南北向的莒光路，南段即為經過濕地的「1-1號道路，十幾年前劃設為都市計畫道路，但由於前高雄縣政府缺乏經費開闢，短短九百多公尺路段「有頭無尾」，令不少茄萣人怨聲載道！

縣市合併後，市府編列八千多萬元經費準備開路，未料每年冬季的黑面琵鷺，也同時看中茄萣濕地，近年呼朋引伴從臺南地區南移棲息。

環保局昨召開專案小組第三次初審會議，地球公民基金會山林保育部主任楊俊朗表示，「1-1號道路將茄萣濕地從其心臟剖開，道路開闢後引來車流量，影響道路兩側一百公尺到一百五十公尺的生態，濕地就死掉了！

楊俊朗說，茄萣濕地是國際重要黑面琵鷺的棲息及覓食區，全世界保育團體都在保育黑面琵鷺，唯有高雄市政府在黑面琵鷺的棲息地開路，這是讓台灣及高雄市很丟臉的事！

維護生態重要 地方經濟也要顧

茄萣農會總幹事楊至穎表示，茄萣「1-1號道路是公告計畫道路，卻卡在暫行公告的地方級國家濕地，地方有超過八成民意同意開闢，地方不斷退讓，原本卅米道路縮減成十五米，且規劃土堤、圍籬就是為了維護生態，雖然生態環保很重要，但地方經濟發展也不能忽略，另「1-1號道路也能縮短茄萣到崎漏社區超過五分鐘的車程。

由於正反意見僵持不下，主持初審會議的大地工程技師公會常務理事林枌竹宣佈決議，由於「1-1號道路對一級保育鳥類衝擊有疑慮，環境影響說明書無法呈現替代方案優劣，相關生態議題因生態保育專家未出席，決議送環評大會討論。

黑琵棲地（茄萣生態文化協會提供）

茄萣濕地小檔案

► 茄萣濕地面積廣達116公頃，早期原為人工鹽田，台鹽停止曬鹽後，轉為興達港發展遠洋漁港腹地，但功敗垂成，長期閒置意外成為候鳥度冬棲息地。

► 根據高雄鳥會、茄萣生態文化協會調查，茄萣濕地孕育超過150種鳥類，包括珍稀的一級保育鳥類游隼、黑面琵鷺、白眉鴨、赤腹鷹等，每年吸引近萬隻水鳥度冬，今年並觀察記錄到157隻黑面琵鷺，市府已將東區濕地劃設82公頃濕地公園，是高市最大的候鳥度冬基地。

（整理：記者蘇福男）

圖7-1　「茄萣開路劃開濕地 黑琵無處棲」新聞記事

擷取自：自由時報2014.2.7

您能感受到山老鼠的蠶食鯨吞，造成水土保持的危機嗎？劇寒劇熱／驟寒驟熱：2014年2月10日的報紙「急凍48人猝死[3]」、隔兩天2月12日「凍斃了！全台至少54人猝死[4]」；它能在短短的兩、三天之內奪取超過一百條寶貴的性命。沙塵暴、霾害：「大陸霾害、空襲全球[5]」，肉眼看不見的PM2.5一再超標（平均值：環保署訂為每立方公尺35微克），造成老弱婦孺過敏、氣喘等，讓肺部嚴重受損（圖7-2）。地震、核電廠、海嘯的問題：2011年日本311大地震，一次將上述三種問題浮現[6]。以上這些情況就發生在你我生存的環境中，您能感受這些威脅嗎？

這些難道不是「人定勝天」思考模式下的結果？！眞的是天災？還是人禍？問題的責任在誰？誰在對大自然掠取豪奪？村落、都市、大自然及地球到底是屬於誰的？是建商的？官吏的？居民的？學者的？不對！是你、我的；不管你的身份地位，尊卑貴賤，當自然環境受到威脅、破壞，人類無一倖免。

3 http://www.libertytimes.com.tw/2014/new/feb/10/today-life2.htm?Slots=Life (2014.2.11)

4 http://www.libertytimes.com.tw/2014/new/feb/12/today-life1.htm (2014.2.13)

5 http://udn.com/NEWS/NATIONAL/NATS5/8439926.shtml (2014.2.11)
http://udn.com/NEWS/NATIONAL/NATS5/8441534.shtml (2014.2.11)

6 http://www.appledaily.com.tw/appledaily/bloglist/headline/33249247 (2014.2.11)

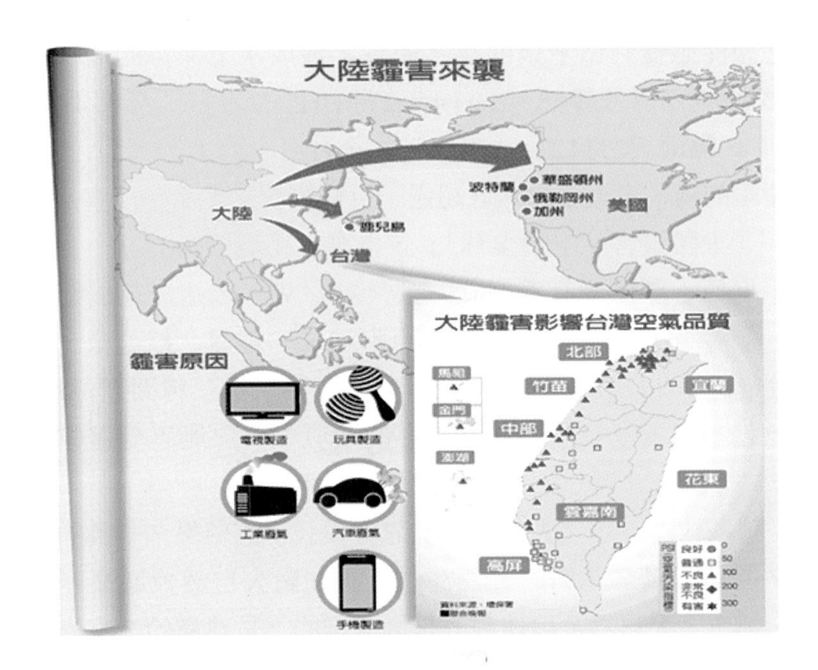

圖7-2　中國霾害影響範圍及高雄霾害狀況

這種跨國界的危害，難道無法喚醒世人重新思考，到底經濟重要還是生態環境重要？上面照片拍攝於2014.2.13下午2：45高雄，遠景較小尖端依稀可見，不到2釐米的就是85大樓，拍攝距離直線不到3公里。

上圖擷取自：聯合晚報（2014.2.11）http://udn.com/NEWS/NATIONAL/NATS5/8439926.shtml

與前段所述的Boney M.- We Kill The World的歌詞一樣，美國前副總統高爾所拍攝的有關全球溫暖化的影片「不願面對的眞相」（An Inconvenient Truth）中，清楚告訴大家，在有限的人力資源下，也可以在短短的一百年，將幾千萬年世界的環境資源耗盡。何況，在最近的20年內，（反）聖嬰現象，及溫暖化現象，造成的環境衝擊又遠勝於20年前。當然氣候的變化，造成台灣的危機如2007年《天下雜誌》：「台灣不願面對的眞相」中指出：「1.降雨不均，北澇南旱。2.海平面上升，台灣變瘦：台南完全淹沒，高雄只剩壽山島。3.生態斷鏈，物種逃難：因暖化造成CO_2濃度增高，海水酸化，全球20%的珊瑚礁遭受到嚴重破壞，白化死亡，致使有毒海藻增生，魚類吃下毒藻，人類再吃魚而中毒。4.蚊子北伐，公衛拉警報。5.夏夜暴熱，冬天點蚊香。6.保險理賠遽增、經濟受碳限制」等，這些警語寫在距今七年前，2014年的今天也都還適用。

所以高爾說“It is now clear that we face a deepening global climate crisis that requires us to act boldly, quickly, and wisely,”。按環境資訊中心之中譯：高爾指出：「我們現在確實面臨到越來越嚴重的全球氣候危機問題，因此必須大膽、迅速及明智做出反應。[7]」這番話是在2006年說的，2014年的今天也都還適用；**可見問題解決的本質，不在立即能處理環境問題，而在於是否能讓全民隨時起而行，且要深入並能達到監督產業、政策效果。因此，最基本的還是要回歸教育的本質，誠爲最永續的。**

7　http://e-info.org.tw/node/81834 (2014.2.11)

本書呼籲的雖只是小範圍，從運用並善待自己周遭的環境做起。找出問題所在，確認問題的本質後，對症下藥，方能有效果。倘若環境教育能落實於現階段的全民再教育，然後，一點一滴確實從幼稚園教育開始，增加並深化與大自然接觸的機會。強化由家的單位連結孩童與學校跟社區的關連；從關心社區的環境教育開始，則台灣的食安（油、奶、麵粉等及環境荷爾蒙的威脅）、衣安（螢光劑等）、住安（海砂屋、輻射鋼筋等）、與行安（廢爐渣、輻射道路）等均或能免除上述的基本恐懼感。其他影響更深遠也更大範圍的環境問題，當然就必須如台灣大學大氣科學系許晃雄教授，於2008年新世紀智庫論壇所發表的「全球暖化：台灣不願面對的眞相」中所說的「……由個人生活起居做起，是最徹底的且長久的方法，但是曠日廢時，恐怕比不上人爲溫室氣體的排放速率與衝擊。事實上，最有效率的方法是，**從政府與企業著手。政府制訂百年環境（或抗全球暖化）政策，營造企業轉型的有利環境，發展綠色（淨化、節能、低污染、低耗資源）科技。**……」（許晃雄，2008）。至於國際間的環境問題，就只能仰賴或祈求先進的已開發國家，教育、援助、造福與改善開發中與其他落後國家的經濟狀況，俾能在開發與保全中取得平衡。

整體而言，台灣的里山問題，在本質上：高齡化、農藥、農地開發、年青人口外移、農地休耕（棄耕）、外來種[8]的猖獗

8 行政院農業委員會林務局（2014.2.11）http://ias.forest.gov.tw/invast/knowledge/Situation.aspx

等。這些問題都直接、間接的存在你、我身邊；直接的衝擊就是經濟上的恐懼，間接則是看不見的「環境荷爾蒙問題」的充斥，卻無法讓人能立即警戒，甚至因此而生命被終結，還不知道為何而亡；正如「不願面對的眞相」中溫水煮青蛙的狀況。

1.高齡化：「後年（2016年）起，台灣老人比小孩多[9]」，則農村的窘境，將比當年的「無米樂[10]」裡的主角群的處境更為嚴峻。

2.農藥：為了監測及管理農藥使用，1972年設立農藥管理法[11]。然而，其危害恐非明顯立即可探知；2014年2月10日在《中國時報》一篇標題為「吃農田害蟲、蝙蝠糞便含農藥[12]」，種類包括殺蟲劑、除菌劑、除草劑等令人省思。有名畫「拾穗」，其意涵在於有錢人割完的殘餘麥穗，開放讓窮人去撿拾；簡單的邏輯，何不讓一些農作物給蟲吃，給蝙蝠吃蟲，我們不也能吃到無毒農作物及乾淨的環境、農夫也不用辛苦灑農藥（崑濱伯眼睛也不會生病）？如此不只雙贏，還有諸多好處的事情，為何不做呢？

9 http://www.libertytimes.com.tw/2014/new/feb/5/today-e1.htm (2014.2.11)

10 http://app.atmovies.com.tw/movie/movie.cfm?action=filmdata&film_id=fhtw30256014 (2014.2.11)

11 全國法規資料庫（2014.2.11）http://law.moj.gov.tw/LawClass/LawAll.aspx?PCode=M0140012

12 http://www.chinatimes.com/newspapers/20140210000335-260114 (2014.2.11)

3.農地開發：2014年2月7日自由時報的標題「農地變住商、大寮新鎮最快3年內重劃[13]」，大寮捷運站西側約58公頃農業區即將消失。政府明明都知道當地人口將因少子化、高齡化[14]而逐漸減少中，有需要再規劃新的住宅區、商業區嗎？台灣的土地公平正義原則已經影響後代子孫了，還不夠嗎？

4.年青人口外移：「『嘉難』找？往外發展比較好？[15]」、「農村縣市、年輕人紛外移[16]」、「…麥寮、台西等台灣沿海鄉鎮，六輕周圍荒涼的土壤、破舊的老厝、養蚵的老農與靠海維生的漁民…」[17]；這些現象幾乎都出現在台灣西南部的重要第一級產業區，亟需年青人加入服務行列的生產區。作者希望能如日本一樣當都會區薪資低落、離職潮起、失業率攀高時，年青人能有機會回鄉投入第一級產業。誰說這不也是物極必反的表徵。筆者切身經驗，台西

13 http://www.libertytimes.com.tw/2014/new/feb/7/today-south8.htm (2014.2.11)

14 http://www.npf.org.tw/post/1/9461 (2014.2.11)

15 http://www.gbo.com.tw/gbo_news/index.jsp?id=25 (2014.2.11)

16 http://www.mdnkids.com/nie/nie_indicate/Unit7/W-1000718-15/W-1000718-15.htm (2014.2.11)

17 臺北市就業服務處台北人力銀行（2014.2.11）https://www.okwork.gov.tw/frontsite/cms/articleContentDetailAction.do?method=doArticleDetail&contentId=NTEzNg==&isAddHitRate=true&relationPk=NTEzNg==&obn=Y29udGVudA==&tableName=Y29udGVudA==&menuId=MTA2

一帶做完田調時間，中午找了一兩個鐘頭，找不到一家像樣的餐廳用餐。足見人口流失荒涼景況嚴重，讓遊客無法久留的惡性循環。

5.農地休耕（棄耕）：坊間有「稻米之父」稱呼的江瑞拱先生在2008年「休耕稻田的管理與運用[18]」中以自己20幾年的經驗指出，「……稻田休耕在農村與社區已產生直接與間接之負面影響」，例如：

(1)培養地力之目標並未達成；

(2)休耕政策導致非休耕田的生產成本增加；

(3)對農業相關農企業與農村造成影響；

(4)水源涵養與氣溫調節功能失衡；

(5)間接設定農地租金的下限影響土地利用；

(6)形成農地的潛在殺手；

(7)認定糾紛徒增困擾等。

尤其是第(3)項，造成青壯年爲了生計離開農業，間接也造成棄耕。而這些在2008年在行政院農業委員會臺東區農業改良場發行的「臺東區農業改良場技術專刊《特15輯》」就發表的內容，可惜至今並無有效解決對策[19]。

18 行政院農業委員會臺東區農業改良場（2014.2.12）ttdares.coa.gov.tw/htmlarea_file/web_articles/ttdares/2065/1501.pdf

19 https://www.newsmarket.com.tw/blog/19046/ (2014.2.12)
http://www.ey.gov.tw/News_Content4.aspx?n=3EBFEAD6FB383702&s=F8AFFCC5EC7F9BF2（2014.2.12）

6.外來種[20]的猖獗：根據林務局提供之資料顯示：「……根據國際自然及資源保育聯盟（International Union for Conservation of Nature and Natural Resources, IUCN）的調查，**外來入侵種對生物多樣性的威脅僅次於棲息地的喪失**。而在台灣，外來物種常因農業或貿易行爲、娛樂觀賞用、生物防治、偷渡、科學研究等因素被引入，但是在喪失引入因素後，常被人棄養，四處野放。在沒有天敵制衡之下，這些外來種進而破壞原有生態環境平衡，危及台灣原生物種的生存空間。」例如：福壽螺造成台灣政府和農民約一百億元的損失等等。作者認爲，已經存在的外來種盡可能用生物防治法解決；也許可以高額獎勵來鼓勵相關方面的研發。未來從國外帶進來的，採取確實執行公權力，嚴懲不法，對於公權力不彰的管理者或監督者也採連坐方式處罰。或許能稍微和緩外來種的危害吧？

以上這些問題的解決除了需要政府政策及執行的，如：農藥、農地開發、農地休耕（棄耕）、外來種等；農藥問題在1960年代因政府的介入鼓勵使用，至今尙須政府有魄力去執行禁止使用或買賣，方能有效遏止。例如：從老農的認知上，根深蒂固的認爲，使用除草劑已成習慣的心態，始終難以改變。民間

https://www.newsmarket.com.tw/blog/category/columns/休耕補助政策爭議專題/（2014.2.12）

20 行政院農業委員會林務局（2014.2.11）http://ias.forest.gov.tw/invast/knowledge/Situation.aspx

方面大部分均只能被動的配合；少部分已經認知其害者，不再贅述。因此，除了上述需要政府介入外，針對大部分的農民，亟需要NGO團體的支援，提供資訊與相關常識等，而這些是需要耐心與良心的操作。近期的解決對策，則在提升或穩定農業產值、人力及農藥對策爲主。

實務上，作者認爲：

1.都會區人口倍多於非都會區人口，必須善用都會區的人力。

2.週休兩天的時間活用：休閒養生、開心農場的廣泛開放——活用都會地區的人力。

3.倡導參與村落的里山休閒活動。

4.昔日以農養工——今日以工商企業團體（尤其是科技產業）簽訂契作方式養農等。

方法及目的在求生物多樣性的目標，期待農友實踐無農藥有機耕作；一定耕作面積不論收成多寡均已相同價錢收購，以保障農民基本生存。如此方能達到無農藥、無除草劑的良好環境，也方能吃到安心的農作物。

另外，生態系平衡上的注意，則在野生動物的突增（例如：猴子等），恐殃及農作物或林相時的對策：有待守望相助時的通報系統，發揮良好功能。

觸及「公共利益」上的議題時，則如圖7-3所示，工商企業界、政府官員、專家學者及NPO團體與居民的相互協力下，合意形成良好共識，以解決各式難題。本著「地球不屬於人類；人類卻毫無選擇的必須屬於地球。錢……何不留些給後代子孫、

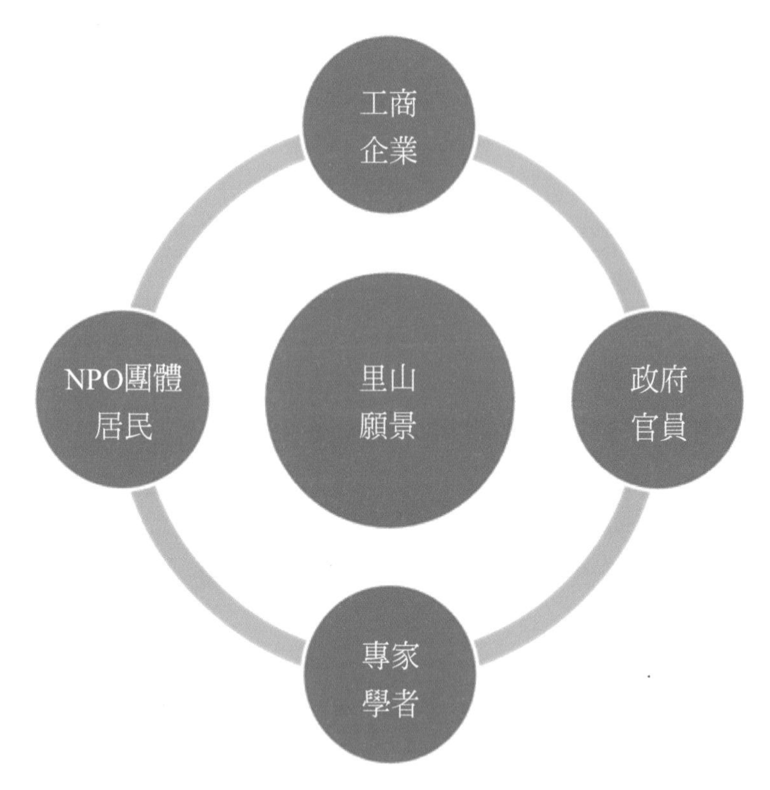

圖7-3　產官學民的參與達成里山願景示意圖

自然……何不留些給後代享受；人不可能勝天，上策是順勢而爲。」的理念。在策略上：「人文環境的問題，宜合意形成。自然環境的問題，宜順勢而爲。已開發之地區宜更高度利用，未開發之地區宜留給後代子孫」。如此，與世界里山倡議的國際接軌的同時，台灣里山的願景：「生物多樣性、與自然共生社會」的實踐指日可待。

附　録

參考資料

第一章

網路資料

一般社団法人茨城県観光物産協会（2014.2.22）http://www.ibarakiguide.jp/db-kanko/shishitsuka_oike.html

茨城県政府「宍塚の自然と歴史の会」（2014.2.22）http://www.pref.ibaraki.jp/bukyoku/kikaku/chikei/kasumigaura-corner/ikiiki-p/kouryuclub/group/tsutiura/06sisiduka/index.html

關東農政局（2013.10.5）http://www.maff.go.jp/kanto/seibi/sekkei/other/tameike01.html

横浜市戸塚区役所（2013.10.5）http://www.city.yokohama.lg.jp/totsuka/kids/park/maioka.html

NPO法人舞岡・やとひと未来（2014.3.8）http://maioka-koyato.jp/index.html

財團法人公共電視（2014.2.22）

http://pnn.pts.org.tw/main/2013/09/08/【我們的島】彰化農地污染記/

環保署調查飲用水中17種新興污染物（2013.4.23）：http://ivy5.epa.gov.tw/enews/fact_Newsdetail.asp?InputTime=1020423154102

22K不知道誰喊的！（2013.4.6）http://www.ettoday.net/news/20130313/174154.htm

日本環境省里山網站（2014.1.23）http://www.env.go.jp/nature/satoyama/top.html

一般社團法人里山自然農法協会網站（2014.1.23）http://www.satoyama-shizen.or.jp/satoyama/index.html

書刊等資料

佐佐木綱、巻上安爾、竹林征三（1997）景観十年・風景百年・風土千年，蒼洋社

武內和彥、三瓶由紀（2006）里山保全に向けた土地利用規制，都市問題，第97卷第11號11月號，55-62

日本の里山・里海評価，2010．里山・里海の生態系と人間の福利：日本の社会生態学的生産ランドスケープ—概要版—，国際連合大学，東京

中村俊彥、北澤哲弥、本田裕子（2010）里山里海の構造と機能，千葉県生物多様性センター研究報告2: 21-30

中村俊彥、本田裕子（2010）里山，里海の語法と概念の変遷・千葉県生物多様性センター研究報告2：13-20．

Costanza,Robert etc.(1997) The value of the world's ecosystem services and natural capital, Nature, vol.387,253-260

藤林泰（2008）住民運動再考：生活史のなかの異議申し立てコミュニティの形成と展開— 高度経済成長期後期の公害反対運動を事例として—21 世紀社会デザイン研究，No.7： 67-76

Young, M. D. (1992), Sustainable investment and resource use. United Nations educational, Scientific and Cultural Organization, The Parthenon Publishing Group Limited, Carnforth.

第二章

網路資料

耕地三七五減租條例：中華民國91年5月15日總統華總一義字第09100095610號令修正第3、4、6條（2014.2.2）http://www.land.moi.gov.tw/law/CHhtml/mainframe.asp?LCID=127&

臺灣農業發展史（2014.2.2）http://big5.taiwan.cn/jm/ny/dnnygk/200703/

t20070322_358313.htm
http://ja.wikipedia.org/wiki/台灣
http://ecolife.epa.gov.tw/conservation/statistics/RiverStatistics_full_size.aspx（2014.1.30）
http://www.yucc.org.tw/water/spatial/atlas（2014.1.30）
http://www.e-river.tw/E_theme/eriver_index_a01_c_2_b.aspx?name=1（2014.1.30）
經濟部水利署（2014.2.22）http://www.wra.gov.tw/ct.asp?xItem=48082&CtNode=7665
http://www.wra.gov.tw/ct.asp?xItem=14298&CtNode=4347
http://140.127.60.124/geo94/geo96/02/hydrology.htm（2014.1.30）

書刊等資料

黃有才（2011）一百年來台灣農業的回顧與展望，科學發展，457期，pp.135-139
行政院農業委員會（2003）台灣灌溉史
林媽利（2010）我們流著不同的血液：台灣各族群身世之謎，前衛出版社

第三章

網路資料

新店區公所（2014.1.25）http://www.xindian.ntpc.gov.tw/web/Home?command=display&page=flash
大溪鎮公所（2014.1.25）http://www.dashi.gov.tw/tw/
石碇區公所（2014.1.25）http://www.shiding.ntpc.gov.tw/web/Home?command=display&page=flash
新北市觀光旅遊（2014.3.6）http://tour.ntpc.gov.tw/page.aspx?wtp=1&wnd=66

淡水區公所（2014.1.25）http://www.tamsui.ntpc.gov.tw/web/Home?command=display&page=flash

新北市淡水區漁會（2014.3.6）http://www.ts-fa.org.tw/ts-fa/modules/tinyd0/index.php?id=2

北投區公所（2014.1.25）http://www.btdo.taipei.gov.tw/

經濟部水利署（2014.1.20）http://www.wra.gov.tw/ct.asp?xItem=12956&CtNode=7753

經濟部水利署網站節水季刊1999.6.15/14期時報文教基金會網站（2014.1.20）http://www.water.tku.edu.tw/mapdata/%E8%98%AD%E9%99%BD%E6%BA%AA%E6%B5%81%E5%9F%9F.htm

員山鄉公所（2014.1.25）http://www.e-land.gov.tw/ct.asp?xItem=2273&CtNode=398&mp=4

三星鄉公所（2014.1.25）http://www.e-land.gov.tw/ct.asp?xItem=2275&CtNode=398&mp=4

大同鄉公所（2014.1.25）http://www.e-land.gov.tw/ct.asp?xItem=2276&CtNode=398&mp=4

冬山鄉公所（2014.1.25）http://www.e-land.gov.tw/ct.asp?xItem=2278&CtNode=398&mp=4

社團法人宜蘭縣珍珠社區發展協會（2014.3.8）http://www.jenju.org.tw/link1.asp

壯圍鄉公所（2014.1.25）http://jhuangwei.e-land.gov.tw/releaseRedirect.do?unitID=157&pageID=4420

壯圍鄉農會（2014.3.8）http://jwfa.emmm.tw/?ptype=paper_1&id=1963

交通部觀光局東北角暨宜蘭海岸國家風景區管理處（2014.3.8）
http://www.necoast-nsa.gov.tw/user/Article.aspx?Lang=1&SNo=04000506

行政院農委會林務局（2014.3.8）
http://conservation.forest.gov.tw/ct.asp?xItem=60073&ctNode=178&mp=10

五結鄉公所（2014.1.25）http://www.e-land.gov.tw/ct.asp?xItem=2277&CtN

ode=398&mp=4
宜蘭縣五結鄉公所（2014.3.8）http://ilwct.e-land.gov.tw/releaseRedirect.do?unitID=159&pageID=4642
蘭陽資訊網（2014.3.8）http://www.lanyangnet.com.tw/ilan/wj/link1.asp
宜蘭縣政府-蘇澳鎮（2014.1.25）http://www.e-land.gov.tw/ct.asp?xItem=2279&CtNode=398&mp=4

書刊等資料

台北市北投區公所（2011）北投區志
天下雜誌（2005）319鄉鎮向前行，台北、桃園、新竹、苗栗，台北：天下雜誌出版社。
天下雜誌（2005）319鄉鎮向前行，宜蘭、花蓮、台東、澎湖、金門、連江，台北：天下雜誌出版社。
溫振華、戴寶村（1998）淡水河流域變遷史，台北縣立文化中心。
林孟龍、王鑫（2002）台灣的河流，台灣地理百科07，新北市：遠足文化。
李世榮、吳立萍（2003)台灣的老鄉鎮，台灣地理百科21，新北市：遠足文化。
宜蘭縣文化局（2002）宜蘭研究—第四屆學術研討會論文集，p191-p199
宜蘭縣史館（2004）宜蘭研究—第五屆學術研討會論文集，p21-p27
徐惠隆（1998）走過蘭陽歲月，台北：常民文化出版，p38-p44
龐新蘭（2004）戀戀蘭陽，台北：愛書人雜誌
遠流台灣館（2001）宜蘭深度旅遊，台北：遠流出版社
林憲德（2007）城鄉生態，台北：詹氏書局

第四章

網路資料

二水鄉公所網站（2014.2.12）http://www.ershui.gov.tw/content/index.aspx?Parser=1,4,65
林內鄉公所網站（2014.3.9）http://www.linnei.gov.tw/content/index.asp?m=1&m1=3&m2=16
林內鄉農會（2014.3.9）http://www.linnei.org.tw/history.html
竹山鎮公所網站（2014.2.12）http://www.chushang.gov.tw/
竹山鎮農會（2014.3.9）http://www.zsfa.org.tw/
水里鄉公所網站（2014.2.12）http://www.shli.gov.tw/shli/web/Content/Content.aspx?c0=45
南投縣水里戶政事務所（2014.3.9）http://shlihr.nantou.gov.tw/CustomerSet/033_population_h/u_ph_v.asp?id={2DD60023-C9EB-4CBA-8369-79DF8711C414}
集集鎮公所網站（2014.2.12）http://www.chi-chi.gov.tw/
文化部（2014.3.9）http://taiwanpedia.culture.tw/web/content?ID=4061
彰化縣二水鄉公所（2014.3.9）http://www.ershui.gov.tw/content/index.aspx?Parser=1,4,65
彰化縣二水鄉戶政事務所（2014.3.9）
http://house.chcg.gov.tw/erhshui/03search/sea_b1_01.asp
大城鄉公所網站（2014.2.12）http://town.chcg.gov.tw/dacheng/00home/index3.asp
彰化縣大城鄉戶政事務所（2014.3.9）http://house.chcg.gov.tw/dacheng/03search/sea_b1_01.asp
經濟部水利署e河川主題網（2014.2.12）http://www.e-river.tw/e_theme/eriver_index_a01_c_2_e.aspx?name=10
經濟部水利署第四河川局網站（2014.2.12）http://www.wra04.gov.tw/ct.asp

?xItem=946&CtNode=29841&mp=99
淡江大學水資源管理與政策研究中心（2014.2.12）http://www.water.tku.edu.tw/mapdata/
東勢區公所網站（2014.2.12）http://www.dongshi.taichung.gov.tw/ct.asp?xItem=592898&ctNode=9832&mp=142010
老人健康促進計畫（2014.3.9）health99.hpa.gov.tw/media/public/pdf/21602.pdf
新社鄉公所網站（2014.2.12）http://jenhung.com.tw/shinshou/4-1.php
臺中市新社區公所（2014.3.9）http://www.xinshe.taichung.gov.tw/ct.asp?xItem=169534&ctNode=7769&mp=156010
新社區休閒農業導覽發展協會（2014.3.9）http://www.shinshe.org.tw/new/about.php
和平區公所網站（2014.2.12）http://www.heping.taichung.gov.tw/
臺中市政府和平區（2014.3.9）http://demographics.taichung.gov.tw/Demographic/Web/Report01.aspx?DIST=29
中部陽明山新社旅遊網（2014.2.12）http://0426shinshe.mmmtravel.com.tw/?ptype=info
后里區公所網站（2014.2.12）http://www.houli.taichung.gov.tw/
臺中市后里區戶政事務所（2014.3.9）http://www.hhouli.taichung.gov.tw/template.asp?theme=10
清水區公所網站（2014.2.12）http://www.qingshui.taichung.gov.tw/2-1.asp
臺中市政府（2014.3.9）http://demographics.taichung.gov.tw/Demographic/Web/Report01.aspx?DIST=12
走讀台灣—石岡區網站（2014.2.12）http://ca.tchcc.gov.tw/wrt/shigan/06.htm
經濟部水利署河川親水主題網（2014.2.12）http://www.e-river.tw/E_theme/eriver_index_a01_c_2_d.aspx?name=8
經濟部水利署（2014.2.12）http://www.wra.gov.tw/ct.asp?xItem=

20076&CtNode=4357

書刊等資料

林孟龍、王鑫（2002）台灣的河流，台灣地理百科07，新北市：遠足文化
李世榮、吳立萍（2003）台灣的老鄉鎮，台灣地理百科21，新北市：遠足文化
陳昭甫（2005）彰化縣大城鄉土地利用之變遷—以農業及養殖漁業爲例，臺中師範學院碩士論文，p36-p39
天下雜誌（2005）319鄉鎮向前行，南投、台中、彰化、雲林、嘉義，台北：天下雜誌出版社。

第五章

網路資料

六龜區公所網站（2014.2.9）http://liouguei.kcg.gov.tw/index.aspx
三地門鄉公所網站（2014.2.9）http://www.pthg.gov.tw/sandimen/Index.aspx
甲仙區公所網站（2014.2.9）http://www.jiashian.gov.tw/bexfront.php?sid=2052836075
美濃區公所網站（2014.2.9）http://meinong-district.kcg.gov.tw/
高樹鄉公所網站（2014.2.9）http://www.pthg.gov.tw/towngto/index.aspx
東港鎮公所網站（2014.2.9）http://www.pthg.gov.tw/TownDto/CP.aspx?s=2338&cp=1&n=12497
新園鄉公所網站（2014.2.9）http://www.pthg.gov.tw/townsyt/index.aspx
大埔鄉公所網站（2014.2.9）http://www.dapu.gov.tw/style/front001/bexfront.php
玉井區公所網站（2014.2.9）http://web2.tainan.gov.tw/yujing/CP/10524/introduction-1.aspx
楠西區公所網站（2014.2.9）http://www.tainan.gov.tw/nansi/

善化區公所網站（2014.2.9）http://web2.tainan.gov.tw/shanhua/CP/10942/guide-1.aspx
大內鄉公所網站（2014.2.9）http://web2.tainan.gov.tw/danei/CP/10342/nature-1.aspx
官田區公所網站（2014.2.9）http://www.tainan.gov.tw/guantian_132/
七股區公所網站（2014.2.9）http://web2.tainan.gov.tw/Cigu/CP/10266/nature-1.aspx
嘉義縣文化觀光局（2014.2.28）http://www.tbocc.gov.tw/fun1-05.asp
經濟部水利署e河川主題網（2014.2.9）http://www.e-river.tw/E_theme/eriver_index_a01_c_2_l.aspx?name=15
博物館入口網（2014.2.9）http://museum.moc.gov.tw/frontsite/museum/museumListAction.do?method=doMuseumDetail&museumId=104
高雄縣校園主題網（2014.2.9）http://content.ks.edu.tw/~topic/

書刊等資料

天下雜誌（2005）319鄉鎮向前行，南投、台中、彰化、雲林、嘉義，台北：天下雜誌出版社。
天下雜誌（2005）319鄉鎮向前行，台南、高雄、屏東，台北：天下雜誌出版社。

第六章

網路資料

台灣地圖導覽（2014.2.1）
http://travel.network.com.tw/main/travel/Hualien/Fenglin.asp
http://travel.network.com.tw/main/travel/taitung/kwanshan.asp
http://travel.network.com.tw/main/travel/Hualien/Guangfu.asp
http://travel.network.com.tw/main/travel/taitung/peinan.asp

http://travel.network.com.tw/main/travel/hualien/Wanlong.asp
台灣行政區域圖（2014.2.1）http://taiwanarmap.moi.gov.tw/moi/run.htm
海端鄉公所網站（2014.2.1）http://www.haiduau.gov.tw/sence.php
鹿野鄉公所網站（2014.2.1）http://www.lyee.gov.tw/page2.php
秀林鄉公所網站（2014.2.1）http://www.shlin.gov.tw/un00main/index.aspx
萬榮鄉公所網站（2014.2.1）http://www.wanrung.gov.tw/01_wanrung/history.aspx
花蓮縣鳳林鎮公所服務網（2014.3.2）http://www.fonglin.gov.tw/files/11-1049-3638-1.php?Lang=zh-tw
台東縣池上鄉公所（2014.3.3）http://www.cs.gov.tw/pagea.php?Act=page5b-1
台東縣關山鎮公所（2014.3.3）http://www.guanshan.gov.tw/page2.php
台東市公所全球資訊網（2014.3.3）http://www.taitungcity.gov.tw/introduction/natural.htm
台東縣政府（2014.3.3）http://www.taitung.gov.tw/cp.aspx?n=3ED4E35C4A97DEAF
經濟部水利署e河川主題網（2014.2.1）
http://www.e-river.tw/e_theme/eriver_index_a01_c_2_b.aspx?name=22
花蓮觀光資訊網（2014.2.1）
http://tour-hualien.hl.gov.tw/Portal/Content.aspx?lang=0&p=002030001
經濟部水利署（2014.2.1）http://www.wra.gov.tw/ct.asp?xItem=20088&CtNode=4369
台灣濕地網（2014.2.1）http://wetland.e-info.org.tw/index.php?option=com_k2&view=item&id=686
台灣原住民電子報網站（2014.2.1）http://www.kgu.com.tw/front/bin/ptlist.phtml?Category=222805
台東縣政府海端鄉（2014.3.3）
http://tour.taitung.gov.tw/zh-tw/Travel/AdministrativeRegion/海端鄉

交通部觀光局花東縱谷國家風景區管理處（2014.2.28）
http://www.erv-nsa.gov.tw/user/article.aspx?Lang=1&SNo=03000797
http://www.erv-nsa.gov.tw/user/article.aspx?Lang=1&SNo=03000128
http://www.erv-nsa.gov.tw/user/article.aspx?Lang=1&SNo=03000459
http://www.erv-nsa.gov.tw/user/article.aspx?Lang=1&SNo=03000463
國家發展委員會（2014.2.28）http://www.ndc.gov.tw/m1.aspx?sNo=0057391
國家發展委員會（2014.2.28）http://hdsd.ndc.gov.tw/page/ht_001.htm

書刊等資料

天下雜誌（2005）319鄉鎮向前行，宜蘭、花蓮、台東 、澎湖、金門、連江，台北：天下雜誌出版社。
林孟龍、王鑫（2002）台灣的河流，台灣地理百科07，新北市：遠足文化。
李世榮、吳立萍（2003）台灣的老鄉鎮，台灣地理百科21，新北市：遠足文化。

第七章

書刊等資料

天下雜誌「台灣不願面對的眞相」 2007/4/14 第369期
許晃雄（2008）聯合國、台灣與永續發展「全球暖化：台灣不願面對的眞相」，新世紀智庫論壇，第44期，69-70頁

We Kill The World (Don't Kill the World)

Songwriters: Sgarbi, Giorgio/ Farian, Frank/ Sgarbi, Gisela

I see mushrooms, atomic mushrooms. I see rockets, missiles in the sky.
Day by day, more and more, where will this lead to.
And what is this good for? Poor world, poor world.

Concrete's rising up, Where yesterday was park
You heard the robin's song Heavy tractor runs
Where air was clean and cool Make money, bringing fuel.

Where will this lead to. And what is this good for?
A poor world, poor world.

Fishes doomed to die. As people live close by,
And oak tree falls with moon. Parking lots will come.
With flower fields were bright. As junkyard covers sight!

Where will this lead to. And what is this good for?
Poor world, is hurting bad, Poor world, is doomed to die.

We kill the world. Kill the world. We surely do.
In peace we do!
We kill the world. Kill the world. 'cause we don't know
What we are doing!

We kill it. One by one. Don't realize!

And nuclear piles stand like monuments
Of destruction throughout over the country

Promenades must go. So cars can drive in row.
New fact'ry towers tall. Farmhouse had to fall.
No flowers in the air. Pollutions everywhere.

Where will this lead to. And what is this good for?
A poor world, poor world.

Oceans in despair. There's rubbish everywhere.
The seaweed chokes in mud. Nature's had her lot.
With nuclear waste and rot. And mushrooms bloom as clouds.

Where will this lead to. And what is this good for?
Poor world, is hurting bad, Poor world, is doomed to die.

We kill the world...

Don't kill the world. Don't let her down.
Do not destroy basic ground. Don't kill the world
Our means of life. Lend ear to nature's cry.

Don't kill the world. She's all we have.
And surely is worth to save. Don't let her die,
Fight for her trees. Pollution robs air to breathe.

Don't kill the world. Help her survive.

And she'll reward you with life. And don't just talk.
Go on and do the one, who wins is you.

Cherish the world. A present from god.
On behalf of all creatures. Made by the lord.
Care for the earth, Foundation of life.
Slow progress down help her survive.

http://www.lyricsfreak.com/b/boney+m/we+kill+the+world_10045409.html （2014.2.7）

國家圖書館出版品預行編目資料

看見台灣里山／劉淑惠著.--二版--.--臺北市：五南,2016.02

面； 公分.

ISBN 978-957-11-8488-3（平裝）

1.自然保育 2.臺灣

367 105000389

5T19

看見台灣里山

作　　者— 劉淑惠(94.3)

發 行 人— 楊榮川

總 編 輯— 王翠華

主　　編— 王正華

責任編輯— 金明芬

封面設計— 簡愷立

出 版 者— 五南圖書出版股份有限公司

地　　址：106台北市大安區和平東路二段339號4樓

電　　話：(02)2705-5066　傳　　真：(02)2706-6100

網　　址：http://www.wunan.com.tw

電子郵件：wunan@wunan.com.tw

劃撥帳號：01068953

戶　　名：五南圖書出版股份有限公司

法律顧問　林勝安律師事務所　林勝安律師

出版日期　2014年 6 月初版一刷

　　　　　2016年 2 月二版一刷

定　　價　新臺幣480元

凝煉知識品味閱讀